种养殖业温室气体

排放特征及控排研究

MECHANISM AND CONTROL OF GHG EMISSIONS FROM PLANTING AND BREEDING INDUSTRY

王　田　孙天晴　寿欢涛　杨泽慧　张　瑜　等/著

中国环境出版集团 · 北京

图书在版编目（CIP）数据

种养殖业温室气体排放特征及控排研究/王田等著.
—北京：中国环境出版集团，2022.7
ISBN 978-7-5111-5205-3

Ⅰ. ①种…　Ⅱ. ①王…　Ⅲ. ①种植业—温室效应—有害气体—排放—研究—中国②养殖业—温室效应—有害气体—排放—研究—中国　Ⅳ. ①X511

中国版本图书馆 CIP 数据核字（2022）第 123091 号

出 版 人　武德凯
责任编辑　宋慧敏
责任校对　薄军霞
封面设计　岳　帅

出版发行　中国环境出版集团
（100062　北京市东城区广渠门内大街 16 号）
网　　址：http://www.cesp.com.cn
电子邮箱：bjgl@cesp.com.cn
联系电话：010-67112765（编辑管理部）
发行热线：010-67125803，010-67113405（传真）

印　　刷　北京中科印刷有限公司
经　　销　各地新华书店
版　　次　2022 年 7 月第 1 版
印　　次　2022 年 7 月第 1 次印刷
开　　本　787×960　1/16
印　　张　13
字　　数　196 千字
定　　价　52.00 元

章节作者

王　田（合著第 1 章 ~ 第 7 章）

孙天晴（合著第 1 章 ~ 第 3 章、第 5 章 ~ 第 7 章）

寿欢涛（合著第 1 章、第 4 章、第 6 章、第 7 章）

杨泽慧（合著第 2 章、第 3 章、第 5 章、第 6 章）

张　瑜（合著第 2 章、第 3 章、第 6 章、附录）

孙敏杰（合著第 3 章）

孙春艳（合著第 3 章）

姜晓群（合著第 3 章）

刘　艺（合著第 5 章）

武利平（合著第 5 章）

闵　瑞（合著第 6 章）

王　鹏（合著第 6 章）

序

2021年注定是人类应对气候变化历史上极不平凡的一年。从年初到年末，暴雨、热浪、沙尘、台风等极端天气事件席卷全球。8月，政府间气候变化专门委员会（IPCC）第六次评估报告第一工作组报告再次以科学事实彰显了气候变化议题的严峻性和紧迫性。从4月美国领导人气候峰会、6月英国七国集团峰会，再到9月联合国秘书长气候峰会、11月意大利二十国集团峰会，气候变化议题已成为国际会议的“必谈事项”，各国无一不将应对气候变化、提高行动力度作为会议共识。11月底，万众瞩目的格拉斯哥气候大会在新冠肺炎疫情阴霾下召开，120余国领导人齐聚一堂，在这个往昔辉煌的工业城市承诺未来十年的温室气体减排目标和行动，将全球应对气候变化的热忱推向了高潮。大会最终通过的成果文件再次重申《巴黎协定》目标，努力将温升控制在1.5℃以内，呼吁国际社会加大行动力度，实现全球范围内温室气体的快速减排。

2020年9月，习近平主席向全世界做出庄严宣示：“中国将提高国家自主贡献力度，采取更加有力的政策和措施，二氧化碳排放力争于2030年前达到峰值，努力争取2060年前实现碳中和。”这不仅是对国际社会的承诺，同时也是对国内工作的动员令。2021年，党中央、国务院成立碳达峰碳中和领导工作小组，高规格部署“双碳”工作，并于格拉斯哥气候大会前夕发布碳达峰碳中和“1+N”政策文件，明确将加强甲烷等非二氧化碳温室气体管控提上议事日程。格拉斯哥大会闭幕前夕，中美两国共同发布《中美关于在 21 世纪 20 年代强化气候行动的格拉斯哥联合宣言》，为推动大会成功注入强劲的政治推动力，重申甲烷等非二氧化碳温室气体对升温的影响，并明确双方将在甲烷等非二氧化碳温室气体控排、减排方面加强务实合作。

农业作为全球温室气体排放的第二大排放源，也是我国甲烷等非二氧化碳温室气体排放的重要部门。积极推进种养殖业非二氧化碳温室气体控排、减排是推进我国农业可持续发展的基本前提，也是我国实现碳中和目标的必由之路。然而，与工业部门相比，目前农业非二氧化碳温室气体管控仍然存在缺乏明确政策目标、数据基础较为分散、清单不确定性较高、企业层面报告体系不健全等问题和困难。准确合理地评估农业非二氧化碳温室气体排放及其趋势，建立健全种养殖业非二氧化碳温室气体测量、报告、核查（Monitoring, Reporting and Verification, MRV）体系对我国控制温室气体排放具有重要意义。

为此，国家应对气候变化战略研究和国际合作中心、国家市场监督管理总局认证认可技术研究中心共同承担了科技部“种养殖业非二氧化碳温室气体排放趋势分析及综合评价研究”项目（2017YFF0211705），对我国种植业中的稻田甲烷、农田氧化亚氮和养殖业中的甲烷及氧化亚氮的排放与减排潜力进行分析研究，结合我国种养殖业中长期发展规划及相应的减排增汇技术应用成效，开创性地提出了符合我国种养殖业排放特征的非二氧化碳温室气体控排行动方案和 MRV 体系框架及建设思路。既填补了国内在该领域研究的空白，也为我国非二氧化碳温室气体管控政策工具提出了更多选项，以期推动我国“十四五”时期种养殖业非二氧化碳温室气体控排工作，服务“碳达峰、碳中和”目标愿景。

在项目研究和图书编著过程中，我们得到了多位专家学者的指导和帮助。李俊峰、苏明山两位老师对项目最初的研究目标和方向进行了宏观把控，提出了颇具前瞻性和建设性的指导。在三年多的研究过程中，何建坤、徐华清、孙翠华、吴建繁、刁其玉、李国学等专家学者对研究内容进行了密切跟踪和指导，让我们受益匪浅。董红敏、李玉娥、刘硕、韩圣慧、朱志平等农业领域专家也对图书编著给予了无私的指导和帮助。

本书难免存在错漏之处，敬请广大读者批评、指正和交流。

作者

2021 年 12 月于北京

目　录

第1章　引　言

1.1　研究背景和意义

根据政府间气候变化专门委员会（Intergovernmental Panel on Climate Change，IPCC）于2014年11月2日在丹麦哥本哈根发布的第五次评估报告中的《综合报告》，由人类活动带来的全球气候变化是明确的，而且这种影响正在不断加强，如果不加以干预、任其发展，气候变化带来的负面效应将对人类及其赖以生存的生态系统造成广泛、严重且不可逆转的影响。《综合报告》同时指出：主动地采取温室气体减排措施是降低气候变化风险的必要手段，而不是被动地适应气候变化。2016年10月17日，联合国粮食及农业组织（Food and Agriculture Organization of the United Nations，FAO）发布了《2016年粮食及农业状况——气候变化、农业和粮食安全》，该报告认为全球1/5的温室气体排放来自广义农业，即包括种植业、林业、渔业、畜牧业和副业生产（狭义农业仅指种植业）。除了各国工业部门的减排活动，农业部门也必须为降低气候变化带来的负面效应作出贡献；因为农业不仅是气候变化所带来危害的受害者，也是引起温室气体排放并导致全球气候变化的主要组成部分。该报告同时指出：2030年之后，气候变化对农业产量的不利影响将在全球各个区域充分体现，但是鉴于农业、土地利用和林业的温室气体排放量占较大比例，因此其减排潜力也非常大。

农业作为全球温室气体排放的第二大碳源，也是碳减排需要重点关注的部门。

农业是指利用动植物的生产发育规律，通过人工培育来获得农产品的产业。在产业分类中，农业属于第一产业。农业可以分为广义农业和狭义农业，其中广义农业包括种植业、林业、畜牧业、渔业和副业这五种形式，而狭义农业则仅指种植业。在《国民经济行业分类》中，第一产业包括农业、林业、畜牧业、渔业及农林牧渔服务业这五大类。农业的温室气体排放源主要有两个，一个是与能源相关的 CO_2 排放，另一个是与农业生产过程相关的非 CO_2 温室气体排放。和工业温室气体排放不同，占农业温室气体排放量比例较大的是非 CO_2 温室气体排放。

2007 年 IPCC 数据显示，农业活动已经成为全球温室气体的第二大重要来源。IPCC 第三工作组第四次评估报告（2007 年 4 月）指出，农业排放的非 CO_2 温室气体占人为排放的非 CO_2 温室气体总量的 14%，其中农业排放了 84%的 N_2O 和 47%的 CH_4，而农业释放的 CO_2 估计为 40×10^6 tCO_2 当量，不到全球人为释放量的 1%。近年来，全球 N_2O 的排放量以每年（0.73±0.03）mg/L 的速度增加。IPCC 第五次评估报告指出，2006 年全球人类农业活动导致的土壤 N_2O 排放量（以 N_2O-N 计）为 4.1×10^{12} g，占人类活动 N_2O 总排放量的 59%。同时，国际食物政策研究所（International Food Policy Research Institute，IFPRI）2008 年数据显示，农业温室气体排放量占全球温室气体排放总量的 13.5%，高于交通排放占比（13.1%），农业成为全球温室气体的第一大重要来源。联合国粮食及农业组织（FAO）最新的数据显示，2017 年全球农业温室气体排放量为 54.10 亿 tCO_2 当量，其中 CH_4 和 N_2O 的排放量分别为 29.84 亿 t 和 24.26 亿 t，分别占农业排放总量的 55%和 45%。

联合国粮食及农业组织（FAO）在《2016 年粮食及农业状况——气候变化、农业和粮食安全》报告中指出，2014 年全球农业温室气体排放量为 52.42 亿 tCO_2 当量，其中中国农业温室气体排放量为 7.08 亿 tCO_2 当量，约占全球农业温室气体排放量的 13.51%；中国成为全球农业温室气体排放量最大的国家。《中华人民共和国气候变化第三次国家信息通报》（2018 年 12 月）显示：中国的 CH_4 排放主要来源于能源活动和农业活动。2010 年中国 CH_4 排放 5 539.4 万 t，相当于 11.63 亿 tCO_2 当量，其中：能源活动排放 2 683.4 万 t，占 48.4%；农业活动排放 2 241.4 万 t，占 40.5%。

N_2O 排放主要来自农业活动和能源活动。2010 年 N_2O 排放 176.4 万 t，相当于 5.47 亿 tCO_2 当量，其中：农业活动排放 115.4 万 t，占 65.4%；能源活动排放 30.8 万 t，占 17.5%；工业生产过程排放 20.0 万 t，占 11.3%；废弃物处理排放 10.1 万 t，占 5.7%。《中华人民共和国气候变化第二次国家信息通报》中，2005 年中国农业活动温室气体排放量约为 8.19 亿 tCO_2 当量，其中动物肠道发酵和粪便管理温室气体排放量为 4.45 亿 tCO_2 当量，占农业活动温室气体排放量的 54.3%。

作为一个负责任的大国，中国正不断致力于降低本国温室气体排放水平，推动世界温室气体减排。国家和地方相继出台了控制和降低温室气体排放水平的政策和文件，并有效实施了这些政策和文件，与此同时也为减缓全球气候变化作出了巨大的贡献。于 2016 年 11 月发布的《国务院关于印发"十三五"控制温室气体排放工作方案的通知》（国发〔2016〕61 号）文件中《"十三五"控制温室气体排放工作方案》要求：全国须按照党中央、国务院决策部署，统筹国内国际两个大局，顺应绿色低碳发展国际潮流，把低碳发展作为我国经济社会发展的重大战略和生态文明建设的重要途径，采取积极措施，有效控制温室气体排放。到 2020 年，单位国内生产总值二氧化碳排放比 2015 年下降 18%，碳排放总量得到有效控制。氢氟碳化物、甲烷、氧化亚氮、全氟化碳、六氟化硫等非 CO_2 温室气体控排力度进一步加大。打造包括农业在内的低碳产业体系，大力发展低碳农业。坚持减缓与适应协同，降低农业领域温室气体排放。实施化肥使用量零增长行动，推广测土配方施肥，减少农田 N_2O 排放，到 2020 年实现农田 N_2O 排放达到峰值。

从以上论述可以看出，农业是非 CO_2 温室气体的主要排放源。积极推进种养殖业温室气体减排是实现我国 2020 年单位国内生产总值温室气体排放较 2005 年减少 40%～50%目标的重要举措，也是推进我国农业可持续发展的基本前提。因此，准确合理地评估农业非 CO_2 温室气体排放及其趋势具有重要意义。国内外学术界对农业温室气体排放相关研究已经进行了积极的探索，并积累了较为丰富的研究成果。我国科技人员针对种养殖业温室气体相关研究的角度相对多元，具体研究大致归纳为如下几个方向：①排放量测算与控减排潜力研究；②减排技术对温室气体排放影响研究；③农业温室气体排放调控机制与政策研究；④农业生产导致的环境外部性研究。虽然我国针对种养殖业温室气体排放已经进行了较多的研究，但是针对种养殖业非 CO_2 温室气体排放及其排放趋势的相关研究还较少。鉴于种养殖业非 CO_2 温室气体排放在农业温室气体排放中所占的比重较高，以及减排潜力巨大，开展种养殖业非 CO_2 温室气体排放趋势以及 MRV 体系研究对农业减排具有较强的现实意义。

1.2 研究范围

本书研究范围包括种养殖领域非 CO_2 温室气体排放源及其排放估算边界和数据来源及其时间边界。参考《中华人民共和国气候变化第三次国家信息通报》，并综合考虑我国种养殖活动的主要排放源，以及该项农业活动相关排放参数的可获得性，本书的研究范围设置如下。

（1）研究领域及温室气体种类

本书研究中国狭义农业（即种养殖业）温室气体排放趋势，研究的温室气体类别为 CH_4 和 N_2O。两者均为种养殖业排放的重要温室气体。

CH_4 是一种重要的温室气体，其 100 年尺度的全球增温潜势（global warming potential，GWP）是等量 CO_2 的 25 倍，而且 CH_4 的辐射强度在所有寿命温室气体中排名第二，仅次于 CO_2（IPCC，2007）。

N_2O 是一种重要的温室气体，其 100 年尺度的全球增温潜势（GWP）是等量 CO_2 的 298 倍。

本书中采用全球增温潜势（GWP）表示温室气体在不同时间尺度内在大气中保持综合影响及其吸收外逸热红外辐射的相对作用，计为排放到大气中的 1 kg 温室气体在一段时间（如 100 年）内的辐射效力与 1 kg CO_2 的辐射效力的比值。本书中采用 IPCC 第二次评估报告中 100 年时间尺度内的 GWP 值，将非 CO_2 温室气体转化成 CO_2 当量单位（CO_2 当量）。各种温室气体的 GWP 值如表 1-1 所示。

表 1-1 各种温室气体全球增温潜势采用值

气体	GWP[a]	气体	GWP[a]
CO_2	1	HFC-227ea	2 900
CH_4	21	HFC-236fa	6 300
N_2O	310	HFC-4310mee	1 300
HFC-23	11 700	CF_4	6 500
HFC-32	650	C_2F_6	9 200
HFC-125	2 800	C_4F_{10}	7 000
HFC-134a	1 300	C_6F_{14}	7 400
HFC-143a	3 800	SF_6	23 900
HFC-152a	140		

数据来源：IPCC，1996；a——100 年时间尺度。

（2）温室气体排放源及排放估算边界

IPCC 报告中，温室气体泄漏被定义为：在某块土地上进行的无意识的固碳活动直接或间接引发了某种活动，它们会部分或全部抵消最初行动的固碳效果。对于农田土壤固碳措施来说，可以理解为采用固碳减排措施后，农田土壤碳库之外的温室气体排放发生变化。农田土壤固碳措施的实施可能会改变农业机械的使用和其他农业投入，与之相关的温室气体排放变化对土壤固碳效益具有抵消作用。播种、灌溉、收割、干燥以及肥料制造等现代农业生产活动的能源消耗及其温室气体排放非常可观，由此引起的温室气体排放是最早被关注的一类农业土壤固碳措施泄漏因素，被称为“隐藏碳成本”。关键的是，农田生态系统中碳氮循环紧密相关，实施一些固碳措施后，可能会增加非 CO_2 温室气体的排放，如 CH_4 和 N_2O 的排放。因此，采用固碳措施引起的 CH_4 和 N_2O 排放量变化对总温室气体排放的影响更加显著。本书所涉及的种养殖业非 CO_2 温室气体为 CH_4 与 N_2O，其中涉及的 CH_4 排放为稻田 CH_4 排放；涉及的 N_2O 排放为种植农用地 N_2O 排放，包含施肥导致的 N_2O 排放，但不包含其本底排放。排放过程不包含上游农资生产过程中可能产生的非 CO_2 温室气体。秸秆焚烧的温室气体包括 CO_2、N_2O、CH_4 三种气体；由于我国对秸秆焚烧 CH_4 排放系数的研究仍是空白，且水稻、玉米和小麦排放系数较小，在此不考虑秸秆焚烧的 CH_4 排放。

与畜禽养殖相关的温室气体排放活动的全生命周期（Life Cycle Assessment，LCA）系统边界如图 1-1 所示，大致可以划分为 6 个部分：饲料生产与加工，畜禽养殖，粪便管理与处置，畜禽产品加工，畜禽产品销售，以及围绕前 5 个部分的运输环节和其他相关设备的能耗。其中，非 CO_2 温室气体排放相关环节包括养殖过程中饲料生产与加工、畜禽养殖（肠道发酵）、粪便管理与处置三大过程。其中，养殖业非 CO_2 温室气体排放主要考虑畜禽养殖过程和粪便管理与处置两大过程。

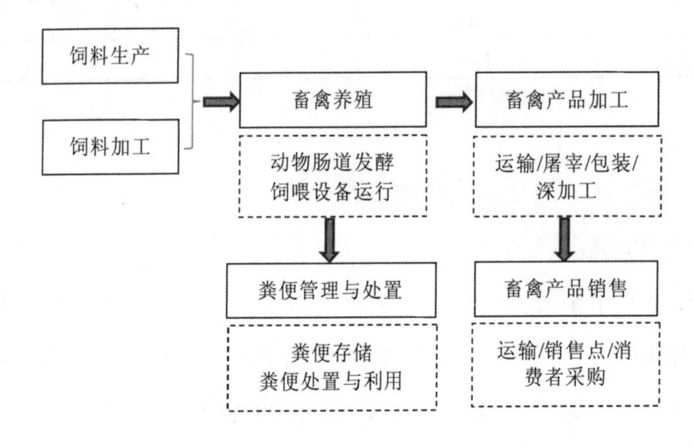

图 1-1　与畜禽养殖相关的温室气体排放活动的 LCA 系统边界

畜禽养殖过程中排放的非 CO_2 温室气体主要来自肠道微生物发酵所产生的 CH_4。粪便管理与处置过程中排放的非 CO_2 温室气体主要是厌氧微生物发酵粪便中的有机物时产生的 CH_4，以及粪便中含氮物质通过硝化反应与反硝化反应所产生的 N_2O，不包括粪便作为肥料被施入农田后 CH_4 和 N_2O 的排放。本书考察的肠道 CH_4 排放的养殖动物包括牛（含奶牛和肉牛）、水牛、骆驼、山羊和绵羊，养殖动物粪便管理的 CH_4 和 N_2O 排放涉及的动物包括牛（含奶牛和肉牛）、水牛、骆驼、山羊、绵羊、马、猪和家禽（鸭、肉鸡和产蛋鸡）。文献信息显示，N_2O 排放量最大的为猪。动物肠道发酵排放的 CH_4 只包括从动物口、鼻和直肠排出体外的 CH_4，不包括动物粪便排出后排放的 CH_4。动物粪便管理与处置中排放的 CH_4

与 N_2O 只包含动物粪便在养殖场管理和处置过程中产生的 CH_4 和 N_2O，不包括粪便被施入农田后排放的 CH_4 和 N_2O。

（3）数据来源及时间边界

本书所涉及的数据信息和所引用的相关论述均来自 FAO、官方公布统计数据及公开学术刊物。在 CH_4 与 N_2O 排放信息的收集方面，分别涵盖了 2000—2016 年和 2000—2015 年的相关数据，并依此进行排放趋势研究分析。

具体研究范围以及边界设置如表 1-2 所示。

表 1-2 研究范围及边界设置

考察领域	温室气体种类	排放源	数据来源	数据时间范围
种植业	CH_4	稻田	FAO、国家官方数据及公开学术刊物	2000—2016 年
种植业	N_2O	农用地耕作及氮肥施用	FAO、国家官方数据及公开学术刊物	2000—2015 年
养殖业	CH_4	动物肠道发酵和粪便管理	FAO、国家官方数据及公开学术刊物	2000—2016 年
养殖业	N_2O	粪便管理	FAO、国家官方数据及公开学术刊物	2000—2015 年

1.3 研究内容

国内对农业温室气体排放问题的研究主要从温室气体产生途径、排放量方面来考虑，主要包括农业温室气体产生特点及排放量测算、经济视角下农业生产碳排放问题和农业碳减排对策问题研究三个方面。

本书以我国农业领域非 CO_2 温室气体（CH_4 和 N_2O）为研究方向，在对之前研究成果进行归纳分析的基础上，梳理出目前种养殖业非 CO_2 温室气体排放的一般机理，并在既定的研究范围内对其排放特征及影响排放的因素进行了详细的论述。通过文献调查，本书利用 16～17 年跨度的时序数据分析了中国种养殖业非

CO_2 温室气体（CH_4 和 N_2O）的排放情况、变动特征并预测了未来的变化趋势。随后，在梳理现行种养殖业控排政策及行动的基础上，本书分析了对非 CO_2 温室气体排放具有显著影响的技术措施，依据我国种植土地不同分区，以及动物养殖特点，筛选出适用且推荐实施的相关技术方案，以使非 CO_2 温室气体排放量最大限度地得到控制或者降低，为农业技术推广政策制定提供参考。最后，围绕种养殖业温室气体排放测算和控排行动，梳理国际 MRV 要求及先进经验，全面回顾了我国种养殖业温室气体 MRV 管理现状，识别差距和挑战，并提出政策建议。具体内容如下：①非 CO_2 温室气体排放机理及影响因素；②非 CO_2 温室气体排放现状及特征；③非 CO_2 温室气体排放趋势分析及预测；④非 CO_2 温室气体控排政策及减排技术分析；⑤非 CO_2 温室气体 MRV 国际经验及国内现状。⑥非 CO_2 温室气体控排和 MRV 的相关建议。

第2章　种养殖业非 CO_2 温室气体排放机理及特征

2.1　种植业

《2006年IPCC国家温室气体清单指南》第四卷“农业、林业及其他土地利用”中，农业温室气体主要涉及“农田、牲畜和粪便管理”、“土壤管理中的 N_2O 排放”以及“石灰和尿素使用过程中的 CO_2 排放”三类。农田排放主要包括原有农田及被转化为农田的土壤的排放，还包括水稻种植中的 CH_4 排放。

农业源温室气体排放是人为温室气体排放的主要来源。以2005年为例，其排放量为 5.1×10^9～6.1×10^9 tCO_2 当量，占全球人为温室气体排放量的10%～12%；其中 CH_4 排放量为 3.3×10^9 tCO_2 当量，占全球 CH_4 排放量的50%（Smith et al.，2007）。就 CO_2 本身来说，农田与大气中的 CO_2 交换量巨大。然而其净排放量仅为 4×10^7 tCO_2 当量（Smith et al.，2007）。因此，CH_4 和 N_2O 是最主要的农业源温室气体，全球农业源 CH_4 和 N_2O 的排放自1990年到2005年增加了17%。

种植业生产过程中产生的碳排放主要来源于投入品（农药、农膜、化肥和有机肥等），上游生产运输环节、灌溉耗电和机械燃油、土壤 N_2O 排放、稻田 CH_4 排放，以及秸秆焚烧（刘巽浩等，2014）。灌溉稻田是大气中 CH_4 的重要排放源，其 CH_4 排放量占全球 CH_4 总人为排放量的12%～26%（IPCC，2007）。

2.1.1 排放机理

2.1.1.1 农田 CH_4 排放

水稻作为中国三大粮食作物之一，在中国的粮食安全中占有重要地位。2016 年，中国水稻播种面积为 3 017.8 万 hm^2（中华人民共和国农业部，2017c），占农作物总播种面积（16 664.95 万 hm^2）的 18.1%，比 2005 年占比（18.6%）略有下降。水稻种植产生的 CH_4 是中国国家温室气体排放清单中的重要排放源。在淹水环境中，土壤处于厌氧状态，土壤中的有机质（如动植物残体、根系分泌物以及有机肥等）被各类细菌（主要是嫌气性纤维分解菌和果胶分解菌等）转化成比较简单的基质（如 H_2、CO_2、CH_3COOH 和 HCOOH 等），这种基质又被产甲烷菌经过甲烷化过程转化为 CH_4。稻田土壤湿度大、有机碳含量高，且在水稻生育期由于持续淹水而处于长期厌氧状态，这些特点决定了稻田是 CH_4 的主要排放源。

中国水稻田按照种植系统分为双季早稻、双季晚稻和单季稻三大类型，种植分布范围很广，在全国除青海省以外的所有省、自治区、直辖市都有种植。常年淹水稻田不仅在生长季排放 CH_4，在非生长季（冬水田）也显著排放 CH_4。中国稻田 CH_4 排放量总体呈增加趋势，从 20 世纪 60 年代的 318 万 t 增加到 21 世纪头十年的 644 万 t。在 1960—1975 年增加迅速，近年增加缓慢；2012 年，中国水稻种植 CH_4 排放量为 845.8 万 t，占当年农业活动 CH_4 排放量的 37.5%，占农业活动温室气体排放总量的 19.1%，排放量比 2005 年上升 6.7%，年均增长率为 0.9%。

作为大气 CH_4 的主要人为排放源之一，水稻种植产生的 CH_4 主要来自水淹土壤产甲烷菌在厌氧环境下利用田间植株根系部有机物的代谢过程，主要包括土壤 CH_4 产生、再氧化以及排放传输 3 个过程。土壤中产生的 CH_4 很大一部分被嗜甲烷菌再次氧化，部分随着土壤水分的下渗进入土壤深处或流失，其余的都会通过水稻植株通气组织或以气泡形式进入大气中。土壤产生 CH_4 基质的来源有 3 种方式：一是水稻植株的代谢有机物，包括根际代谢的分泌物以及代谢凋落物；二是加入土壤中的外源有机物（包括前作残茬、有机肥、作物秸秆等）；三是土壤中原有存在的有机质，但是由于其主要成分是难降解的腐殖质等，因此其作为土壤产生 CH_4 基质的作用与前两项有机质源比较可以忽略。由于土壤微生物的活动受到多种环境因子的影响，包括土壤温度、含水量、氧化还原电位、土壤质地等，因而土壤中 CH_4 的产生也相应地会受到这些土壤环境因素的影响。此外，不同类型水稻的移栽、收获日期及相应的生长季长度、稻田水的管理方式等也是影响稻田 CH_4 排放的因素之一。据统计，稻田 CH_4 排放占农业源 CH_4 排放的近 1/5（Linquist et al.，2012；Smith et al.，2007）。土壤产生的 CH_4 由土壤到大气的运输主要有两个途径：一个途径是通过水稻植株排放（Kludze et al.，1995），另外一个途径是通过在水中形成气泡排放（Wassmann et al.，1994）。基于以上科学认识，CH_4 排放的过程如图 2-1 所示。

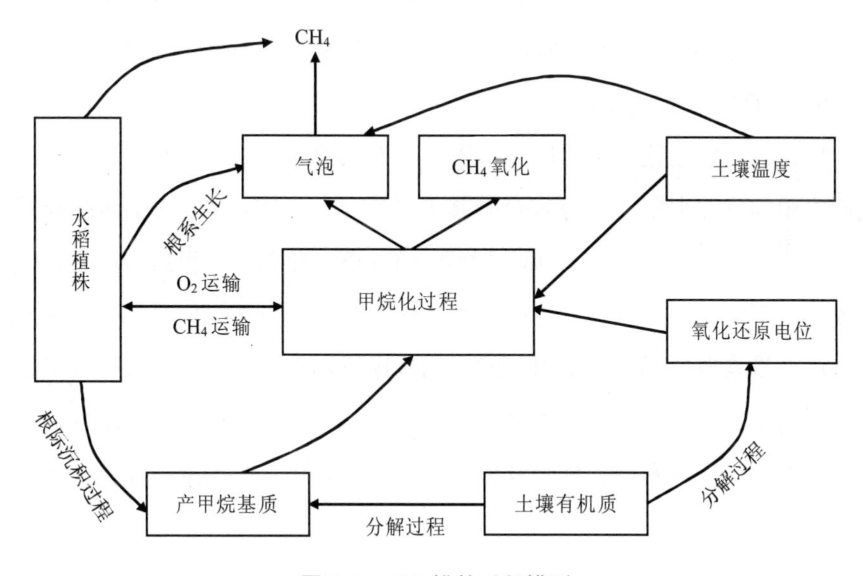

图 2-1　CH_4 排放过程模型

2.1.1.2　N_2O 排放

种植业 N_2O 的排放在此是指农田 N_2O 排放。N_2O 是硝化作用和反硝化作用过程的中间产物（Bouwman，1991），这些过程主要由硝化细菌和反硝化细菌等微生物参与。

土壤的 N_2O 排放包括直接排放和间接排放。土壤直接排放的 N_2O 的产生途径包括硝化作用和反硝化作用，以及近年来新发现的短程硝化-反硝化作用。硝化作用是指土壤中还原态的 NH_3 和 NH_4^+ 被好氧微生物氧化成 NO_3^- 和 NO_2^- 的过程；反硝化作用是指土壤中的 NO_3^- 和 NO_2^- 由反硝化细菌在厌氧或者微好氧条件下还原为 N_2、NO 和 N_2O 的过程；短程硝化-反硝化作用是指土壤中的 NH_4^+ 被化能自养氨氧化细菌氧化、产生 NO_2^-，继而 NO_2^- 被异养氨氧化细菌还原为 N_2。IPCC（2007）认为 N_2O 的间接排放包括氮肥施用后挥发到大气中的 NH_3 通过沉降又回到土壤中，或因氮肥的渗漏及径流作用等使部分氮肥以 NO_3^- 形式进入水体，这两种形态的 N 最终也能转化为 N_2O 排放。

一般认为，反硝化作用比硝化作用具有更大的 N_2O 排放贡献。IPCC（2007）将施肥农田和草地土壤的人为 N_2O 排放合并在一起考虑，主要分为直接排放和间接排放，以及农业废弃物秸秆田间焚烧的 CH_4 和 N_2O 排放。直接排放主要是由农用地使用过程中氮源投入（如化肥、秸秆还田、残留根茬、放牧动物排泄等）导致的土壤中氮素逸失到大气中引起的；间接排放则主要是由于大气氮沉降到土地内外引起的排放以及氮淋溶径流损失引起的排放。影响农用地排放 N_2O 的因素主要有土壤类型、作物类型、施肥及灌溉等农业措施和气候因素（温度、降水、光照）等。

中国国家自主贡献文件及“948 计划”都对农田施肥的 N_2O 排放设定了减排目标。中国农用地 N_2O 排放总体呈增加趋势，从 20 世纪 80 年代的 48.4 万 t（以 N 计，下同）增加到 21 世纪头十年的 67.3 万 t。在 1980—1990 年增加迅速，近年增加缓慢；2012 年，中国农用地 N_2O 排放 121.8 万 t，占当年中国各行业 N_2O

排放总量的 59%，占农业活动 N_2O 排放量的 83%，比 2005 年增加了 82%，年均增长率 8.9%。可见，农用地 N_2O 是国家温室气体清单中最重要的 N_2O 排放源，且比种植业引起的 CH_4 排放更应该引起重视。

2.1.2　排放影响因素与特征

2.1.2.1　影响因素

一般地，影响种植业非 CO_2 温室气体排放的因素包括耕作方式、肥料管理、水分管理、作物品种、添加剂使用和种植制度。

（1）耕作方式

耕作会对土壤产生物理干扰，破坏土壤团聚体中有机质的物理保护，同时影响土壤温度、透气性，增加土壤有效表面积并不断让新的土壤处于干湿和冻融交替状态，使土壤团聚体更容易被破坏，加速团聚体间有机质的分解。一般认为，采用免耕、少耕等保护性耕作可以避免以上干扰，减少土壤有机碳的分解损失。

免耕导致表土容重增加，产生厌氧环境，在减少土壤有机质氧化的同时增加 N_2O 排放；采用免耕后，更高的土壤水分含量和土壤孔隙含水量能够刺激反硝化作用，增加 N_2O 排放；同时，免耕导致的氮素在表土的集中也可能是采用免耕后 N_2O 排放增加的原因之一。目前，在免耕对大气温室气体浓度影响的研究中，都将 N_2O 排放的增加列为重要的泄漏因素。Smith 等（2000）指出在欧洲推广免耕的土壤的固碳潜力将被增排 N_2O 的温室效应抵消 50%以上。但近期的一些研究表明，采用免耕是否会增加 N_2O 排放与肥料种类、水分管理等多个因素有关。在综合考虑各种泄漏因素后，很多研究都得出了免耕等保护性耕作具有净减排能力的结论。

与传统耕作比，少耕、免耕等保护性耕作可以降低对土壤的扰动，从而降低土壤有机碳的损失（Follett，2001）。但是保护性耕作会造成土壤容重增加，易造成厌氧环境，因此可能改变硝化作用、反硝化作用，从而影响 N_2O 的排放。但目前的研究结果存在极大的不确定性，或增加 N_2O 排放（Six et al.，2004；Steinbach et al.，2006），或减少 N_2O 排放（Ussiri et al.，2009），或不影响 N_2O 排放（Grandy et al.，2006）。另外，由于少免耕，减少了机械作业环节，可以减少化石能源的消耗（West et al.，2003）。

（2）肥料管理

N_2O 是中国农田排放的首要温室气体。施用化学氮肥是我国农田土壤 N_2O 直接排放量最重要的影响因素，当化肥施用量减少到现状的 50%或倍增时，土壤 N_2O 直接排放量分别是目前的 78%和 155%。研究表明，施用化学氮肥对加拿大农业 N_2O 总排放量的贡献达 10%～15%。IPCC 推荐的农业温室气体排放计算方法中也将化学氮肥用量设定为一个国家农田 N_2O 排放量的决定性因子。过量的氮肥并不能固持更多的有机碳，只会增加土壤 N_2O 的排放和生产氮肥的温室气体排放，因此很多相关研究都建议，提高氮肥利用效率，在保证产量的前提下适当减少氮肥的生产量和施用量，采用有机肥替代部分氮肥都将对减缓全球变暖有益。

我国氮肥的过量施用所带来的氮肥利用效率低下和环境污染问题日益严峻，也得到了广泛关注。与此同时，氮肥的过量施用也引起了大量温室气体排放，其中包括氮肥生产所带来的温室气体排放和氮肥施入农田引起的 N_2O 排放（Kahrl et al.，2010）。另外，作为最大的水稻生产国，我国水稻田面积占全国农田面积的 27%，且占全球稻田面积的 28%（FAOSTAT，2019）。根据国际水稻研究所预测，为满足人口增加对水稻的需求，水稻产量在 2015 年之前须增加 5 000 万 t，这将带来更多 CH_4 排放（Bouwman，1990；Lu et al.，2006）。水稻产量与非 CO_2 温室气体排放量呈现正相关性，水稻产量可以作为影响 CH_4 和 N_2O 排放的因素。

氮肥施用种类、数量、方式和时间对稻田 CH_4 排放有着不同的影响（马静等，2010）；而有机肥的施用一方面为土壤产甲烷菌提供了丰富的产甲烷基质，另一方面，淹水条件下有机肥的快速分解加速了稻田氧化还原电位（Eh）的下降，为产甲烷菌的生长提供了适宜的环境条件，从而促进稻田 CH_4 的排放。不同种类有机肥对稻田 CH_4 的产生也有着不同的影响。邹建文等（2003）发现不同有机肥施用条件下，稻田 CH_4 排放总量为：菜饼、麦秆大于牛厩肥大于猪厩肥，其原因可能是牛厩肥的有机碳含量较低，而猪厩肥的有机碳大部分以大分子复杂有机物形式存在，可利用的产甲烷基质较少。

（3）水分管理

水分管理方式是影响稻田 CH_4 排放的主要因素之一。Cai 等（1994）指出，生长期持续淹水的稻田 CH_4 排放量远远高于经历烤田和干湿交替处理的稻田 CH_4 排放量。Towprayoon 等（2005）研究了烤田天数和烤田频度对稻田 CH_4 排放的影响，表明水稻生长期水分排干大大降低了稻田 CH_4 排放，排水一次及排水两次相对于持续淹水的 CH_4 排放量分别降低了 29%和 36%。

灌溉还可能导致土壤 N_2O 排放的增加。土壤湿度是影响 N_2O 排放的重要因素之一。灌溉可以增加土壤湿度，提高土壤微生物活性，保持较高的土壤孔隙水含量（土壤孔隙水含量为 60%左右），这些条件都有利于反硝化反应并产生更多的 N_2O 排放。Xu 等（1998）通过 nitrate leaching and economic analysis package（NLEAP）模型分析，认为旱作玉米的灌溉将导致 N_2O 排放量增加 14%。灌溉对土壤 N_2O 排放的刺激作用与氮肥施用紧密相关。土壤有效氮含量较高时，土壤湿度增加对 N_2O 直接排放的作用非常明显。因此，灌溉前后避免使用硝酸氮肥以减轻反硝化反应将具有减少 N_2O 农田排放的潜力。

（4）作物品种、添加剂使用和种植制度

不同水稻品种之间的 CH_4 排放存在较大差异。通过水稻品种的改良，可以有效降低稻田 CH_4 的排放（黄耀，2006）。CH_4 抑制剂能够有效减少 CH_4 排放。采用对化肥、农药等依赖性小的轮作方式可以减少碳排放，例如与豆科作物轮作可以减少氮肥的施用，但是豆科作物同时也是 N_2O 的排放源。

影响稻田 CH_4 排放的因素有自然因素和人为因素，自然因素包括土壤有机质含量、pH 值、Eh 值等理化性质，人为因素包括水稻品种、施肥方式、水分管理和耕作制度等。魏海平（2012）的研究表明，中国稻田单位面积 CH_4 排放量总体来看，从高到低依次为单季稻、双季晚稻、双季早稻。有机肥是产甲烷菌丰富的基质，因此施用有机肥能增加稻田 CH_4 排放（熊效振，1999）。水是决定稻田 CH_4 排放量的重要因子，不同的淹水程度直接影响稻田有氧区域和无氧区域的相对大小，从而影响 CH_4 的产生和氧化。间歇灌溉能显著减少 CH_4 的排放，同时间歇灌溉可以节省灌溉用水量的25%并减少灌溉耗电，但是由于 CH_4 和 N_2O 存在此消彼长的关系，间歇灌溉还有可能引起 N_2O 排放量的增加（李晶等，1998）。

硝化作用是微生物在有氧条件下将氨基氧化成硝酸盐的过程，而反硝化作用是在厌氧或者微好氧条件下厌氧微生物将硝酸盐还原成氮气等的过程。这些由微生物参与的反应中，土壤中有效氮的可供量是主要控制因素之一。因此，在多数土壤中，有效氮的增加可提高硝化率和反硝化率，进而增加 N_2O 的排放量。这种由于化肥和有机肥对农田土壤有效氮的投入引起的 N_2O 的排放被称为直接排放。IPCC 基于有效氮施用量与 N_2O 排放的显著关系，为矿质土壤和淹水土壤开发了 N_2O 直接排放系数（IPCC，2007）。卢燕宇等（2005）和 Zou 等（2007）指出除有效氮可供量因素外，土壤 N_2O 排放还与水分管理有着密切的关系，特别是淹水稻田的水分管理模式。因此，通过前人对中国农田 N_2O 数据的统计分析，本书为中国旱地和稻田分别开发了 N_2O 直接排放系数。其中，旱地直接排放系数除了与有效氮供应量有关，还与降水量相关联；稻田直接排放系数与有效氮供应量和淹水管理模式有关。

2.1.2.2　排放特征

不同于许多发达国家的规模化农业，我国种植业呈现较为明显的小农经济特征，农户构成了农业种植活动的主体。农户作为土地利用的微观主体，其行为对碳排放特别是非 CO_2 温室气体排放必然产生关键影响。由于发展中国家农户仅仅部分融入不完善的市场，因此以效益为中心的用户种植生产模式往往会导致对环境不利的高碳排放问题。

因此，密切关注农户行为是研究非 CO_2 温室气体排放的基础。例如农户在粮食生产中倾向于大量使用化肥，以克服人力不足的问题并提高粮食产量，这可能导致化肥需求量的猛增，进而引起化肥生产带来的较高能源消耗量和温室气体排放量，以及农田N_2O排放量增加。此外，传统的深挖广种的农业生产方式也在一定程度上释放了土壤的固定碳，这些都直接造成土壤碳库释放和间接的碳排放。

（1）CH_4排放特征

水稻田CH_4排放的特征取决于水稻种植具有的很大特殊性。水稻是完全在水田中种植的作物，传统的播种方法为人工插秧，随着科技的发展，才慢慢发展出机械化插秧方法，但在土地起伏较大、形状不是方形的水田中，还是需要人工插秧。因此，农业机械的使用效率无法像旱地种植过程那样高，要想达到旱地种植同样水平的耕种效果，需要耗费更多时间和更大强度的机械作用。类似地，水稻田的施肥效果也不如旱地作物种植那样直接，因为肥料进入水中后，自然要被水稀释和分解，无法像旱地施肥那样直接作用于作物根部、以便更好地吸收。因此给水稻施肥时需要消耗比旱地作物更多的肥料量，这也不可避免地导致了排放的增加。

中国除青海省以外，其他省、自治区、直辖市都有水稻种植。从稻田轮作角度划分，水稻分双季早稻、双季晚稻、一季稻（中稻）、再生稻（冬水田休田期的非种植水稻）等。2005年以来，中国水稻种植面积上升了约5%（如图2-2所示），其中早稻种植面积略有下降，中稻和一季晚稻种植面积上升了13%，双季晚稻种植面积在各年份间略有波动。稻田CH_4排放是稻田土壤在厌氧状态下所产生的CH_4通过各种途径向大气的排放过程。不同水稻种植区的气候、土壤条件各不相同，水稻品种、耕作制度也有相当大的差异。另外，灌溉管理、有机肥与化肥类型和施用方式以及水稻品种等因素都会对稻田CH_4排放产生影响。

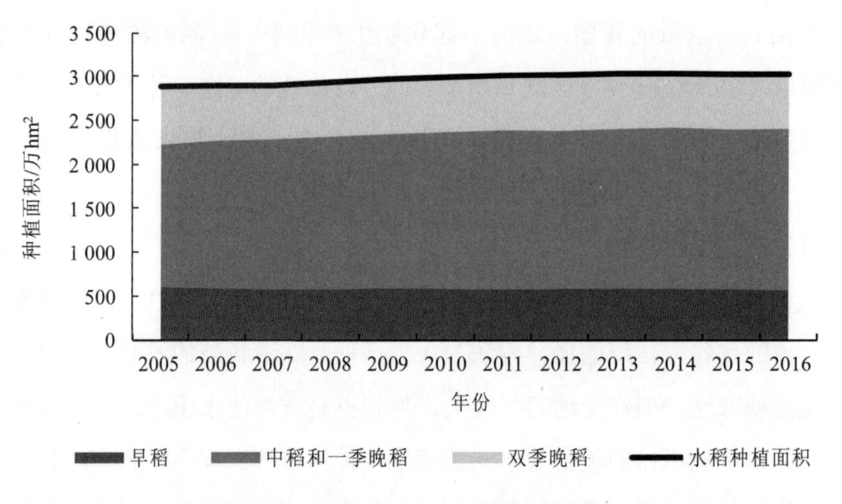

图 2-2 2005—2016 年中国水稻种植面积

从近年来不同类型稻田水稻产量（如图 2-3 所示）可以看出，2005 年以来中国水稻产量的增长主要来源于中稻和一季晚稻；2005—2016 年，中国水稻总产量上升了 15%，其中中稻和一季晚稻产量增长了 20%。

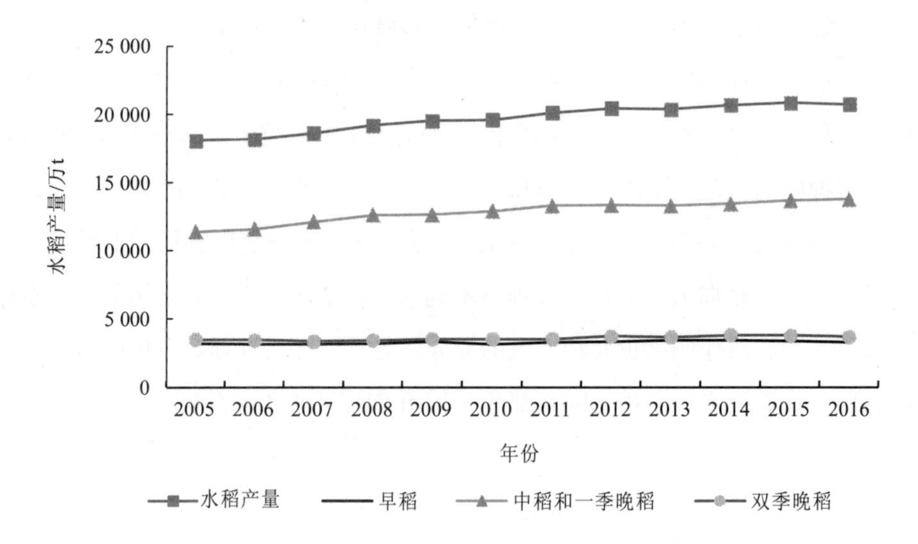

图 2-3 2005—2016 年中国水稻产量变化

（数据来源：中华人民共和国农业部，2017c）

2010 年中国水稻种植面积为 29.87×10^6 hm^2，稻谷产量为 195.77×10^6 t，其中早稻、中稻和一季晚稻、双季晚稻的种植面积分别为 5.80×10^6 hm^2、17.85×10^6 hm^2、6.22×10^6 hm^2，稻谷产量分别为 31.34×10^6 t、129.15×10^6 t、35.28×10^6 t。双季水稻、单季水稻（包括单作水稻和水旱轮作的水稻）以及冬水田休田期的 CH_4 排放量分别为 2.78×10^6 t、4.55×10^6 t 和 1.08×10^6 t，总计 8.41×10^6 t（折合 1.77 亿 tCO_2 当量）。2015 年中国水稻种植面积为 30.22×10^6 hm^2，稻谷产量为 208.23×10^6 t，其中早稻、中稻和一季晚稻、双季晚稻的种植面积分别为 5.71×10^6 hm^2、18.19×10^6 hm^2、6.31×10^6 hm^2，稻谷产量分别为 33.69×10^6 t、136.81×10^6 t、37.73×10^6 t。双季水稻、单季水稻（包括单作水稻和水旱轮作的水稻）以及冬水田休田期的 CH_4 排放量分别为 2.45×10^6 t、4.46×10^6 t 和 1.14×10^6 t，总计 8.05×10^6 t（折合 1.69 亿 tCO_2 当量）。

（2）农田 N_2O 排放特征

外源氮肥是农田 N_2O 排放的重要影响因素。施用氮肥影响 N_2O 的排放量。由于 N_2O 是各种形态的氮素在土壤硝化作用和反硝化作用下产生的，外源氮肥（氮肥和有机肥）的投入会直接影响土壤氮素的供应，进而影响土壤 N_2O 的产生。Bouwman 等（2002）表明 N_2O 的排放量与氮肥施用量呈线性关系。当每公顷施氮量为 100 kg N 时，会有 1%的 N 以 N_2O 的形式排放（IPCC，2007）。后来的研究发现，氮肥投入对土壤 N_2O 的排放存在阈值，即当氮肥施用量在一定范围内时产生的 N_2O 排放量比较低，但当氮肥施用量超过该数值时，N_2O 的排放量会随施用氮量增加而迅速增加，而这个阈值就是作物的最大吸氮量（Snyder et al.，2009）。另外，施用有机肥促进 N_2O 的排放，有机肥的施用使冬小麦-夏玉米轮作体系的 N_2O 排放量增加了 17.2%（丁洪等，2001）。肥料的不同产品类型（如包膜肥料、尿素抑制剂、硝化抑制剂等增效氮肥）、化肥深施、分次施肥都能影响 N_2O 的排放。

中国农用地氮肥施用是导致种植业 N_2O 排放的重要原因。2005—2015 年中国农村化肥施用量持续增长（如图 2-4 所示）。2015 年 2 月，农业部贯彻落实中央农村工作会议、中央 1 号文件和全国农业工作会议精神，围绕“稳粮增收调结构，提质增效转方式”的工作主线，大力推进化肥减量提效、农药减量控害，制定了《到 2020 年化肥使用量零增长行动方案》《到 2020 年农药使用量零增长行动方案》。2016 年，中国化肥施用量从 2015 年的 6 023 万 t 下降到 5 984 万 t，首次出现了下降。相比于化肥施用量，氮肥的施用量自 2012 年起就开始了下降的趋势；到 2016 年，中国农用氮肥的施用量为 2 310.5 万 t，比 2012 年顶峰（将近 2 400 万 t）下降了 3.7%，氮肥控制成效明显，提前实现了 2020 年化肥使用量零增长目标。

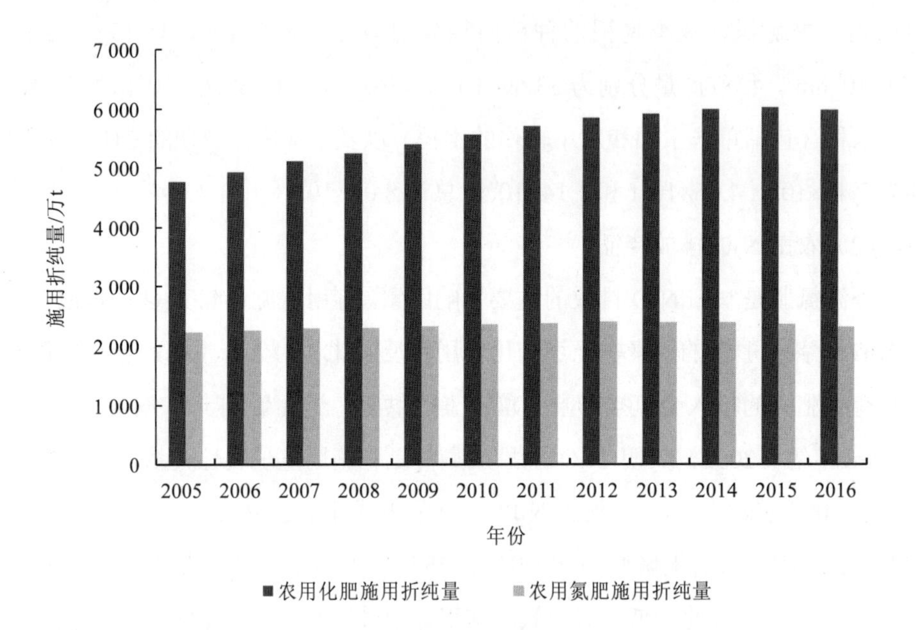

图 2-4 2005—2016 年中国化肥和氮肥施用折纯量变化

（数据来源：中华人民共和国农业部，2017c）

2.2 养殖业

从世界范围来看，1961—2010 年因畜产品需求增加，全球畜牧业温室气体排放量增加了 51%。畜牧业是温室气体排放的重要来源，其温室气体排放量占农业排放总量的 50.30%，占全球温室气体排放总量的 14.50%。2010 年中国农业活动温室气体排放量约为 8.28 亿 tCO_2 当量，其中动物肠道发酵排放量为 2.17 亿 tCO_2 当量，占 26.2%，动物粪便管理排放量为 1.37 亿 tCO_2 当量，占 16.6%。

根据 FAO 报道，农业中各领域 1961—2012 年以 CO_2 当量表示的温室气体平均排放量中，肠道发酵的温室气体排放量占到最大比重（41.1%），达到 17.67 亿 t/a，其次是留在牧场中的粪便的温室气体排放量，占 14.7%，达到 6.32 亿 t。畜牧业（即养殖业）是当前农业中温室气体排放的重要来源，降低当前畜牧业中温室气体的排放对减缓全球温室气体效应有至关重要的作用。

养殖业排放的 CO_2、CH_4 和 N_2O 已经成为全球气候变暖的主要来源。FAO 于 2006 年末发布的《牲畜的巨大阴影：环境问题与选择》指出，全球 10 多亿头牛是全球温室效应的主要来源，每年牛、羊、骆驼、马、猪和家禽排放的温室气体量约占全球温室气体排放量的 18%，其中牛的排放量最高，不仅高于其他所有家畜，而且超越了交通工具（如汽车、飞机等）的 CO_2 排放量。据统计，全球 CH_4 总排放量为 5.5×10^8 t，而其中反刍动物 CH_4 排放量大约为 8.5×10^7 t。

随着城镇化进程的加快和居民生活水平的提高，我国牛羊肉及奶类等食草畜产品已经基本实现全民及全年性消费。根据《中国统计年鉴》，截至 2018 年，大牲畜（牛、马、驴和骡等）共计饲养量为 9 625.5 万头，肉猪出栏头数为 69 382.4 万头、年底头数为 42 817.1 万头，羊年底头数为 29 713.5 万只。食草畜牧业作为畜牧业发展的重要组成部分，由于牛羊类反刍动物特殊的瘤胃消化系统及体型特点，肠道发酵、粪便排泄及管理过程中产生的 CH_4、N_2O 气体在非 CO_2 温室气体中占比较大。

根据 FAO 数据，1961—2012 年全球畜牧业中肠道发酵引起的温室气体排放在近 50 年过程中，除了在 1994—1999 年出现过短暂小幅度的下降外，整体处于上升趋势。有研究显示，全生命周期内，肉牛（黄牛等）的 CH_4 排放量最大，其次为猪；N_2O 排放量最大的是猪，其次为牛和家禽。随着我国居民生活水平的不断提高，人们对肉、蛋、奶等营养品的需求会越来越大，特别是对牛羊肉和奶的需求会有更大幅度的提高，而牛羊类反刍动物瘤胃发酵，排放出大量CH_4，而CH_4的温室效应远高于CO_2。依此估计，未来一段时间内，养殖业排放的温室气体量可能仍将较大幅度地上升。

2.2.1 排放机理

2009年，罗伯特在《世界观察》杂志发表文章指出，全球畜牧业及其副产品的温室气体排放量已占人为温室气体排放总量的51%，远远高于FAO估算的18%（王尔德等，2011）。Olesen 等（2006）认为养殖业温室气体主要来自反刍动物瘤胃发酵、畜禽粪便处理过程中CH_4及粪便还田利用过程中直接或间接的N_2O排放。Dalgaard等（2014）估算了丹麦农业部门1990—2010年的CH_4、N_2O和CO_2排放量，研究中考虑了碳源和碳汇，还有能源消费量和生物质生产量的影响，并给出了丹麦农业部门2050年温室气体排放量比1990年降低50%～70%的可行路径。

中国是动物饲养量最大的国家之一。国内对养殖业温室气体排放源的研究比较早。随着畜牧业的迅速发展，规模化养殖出现，很多研究人员开始致力于研究养殖模式下环境污染的治理。目前有关规模养殖温室气体排放源的研究主要集中在反刍动物肠道发酵和畜禽废弃物处理过程中的温室气体排放研究以及畜牧业温室气体排放量现状及预测研究。关于反刍动物肠道的研究有：黄耀（2006）认为畜牧养殖过程中动物消化道会产生CH_4排放；董红敏等（2008）认为养殖过程中CH_4排放主要来自反刍动物肠道发酵；王松良等（2010）认为畜牧养殖温室气体排放源包括动物饲养过程中的肠道发酵；陈莎等（2011）认为反刍动物消化道会产生CH_4排放；郭娇等（2017）通过参考FAO人均畜产品蛋白占有量，对中国畜牧业温室气体排放量峰值进行了预测。关于畜禽废弃物处理过程中的温室气体排放的研究有：黄耀（2006）认为动物粪便管理会产生CH_4和N_2O排放；董红敏等（2008）认为动物废弃物管理过程中产生CH_4和N_2O排放；王松良等（2010）认为废弃物特别是动物粪便会产生大量温室气体排放；王占红等（2011）认为畜禽粪便排泄发酵会产生温室气体排放；胡向东等（2010）认为畜禽废弃物会同时产

生 CH_4 和 N_2O，在无氧状态下分解主要产生 CH_4，堆肥则产生大量 N_2O；应洪仓等（2011）认为家畜粪便处理会直接或间接产生大量 CH_4 和 CO_2 等温室气体。

养殖业非 CO_2 温室气体排放源主要有动物肠道发酵的 CH_4 排放和动物粪便管理过程中的 CH_4 及 N_2O 排放（如图 2-5 所示）。

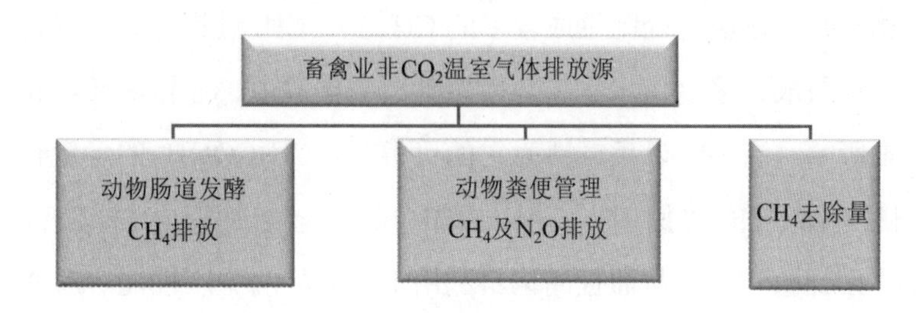

图 2-5　畜禽业非 CO_2 温室气体排放源

目前我国养殖业温室气体排放源的研究主要集中在牛、羊等反刍动物。白林等（2009）认为猪肉生产过程中 N_2O 和 CH_4 等温室气体的排放主要来自废弃物处置，徐庆贤等（2011）认为规模化养猪场的 CH_4 主要是由猪的排泄物产生的。

（1）动物肠道发酵排放

动物肠道发酵排放的 CH_4 通常是指由动物口、鼻和直肠排出体外的 CH_4，不包括动物粪便中释放的 CH_4，是在动物正常的代谢生产过程中，寄生在动物消化道内的微生物发酵消化道内饲料时产生的 CH_4 排放。动物类别、年龄、体重、采食量及饲料质量、生长及养殖水平是影响动物肠道 CH_4 排放量的重要因素，其中采食量及饲料质量影响最大。反刍动物的肠道发酵 CH_4 排放量最大，因为反刍动物瘤胃体积较大，寄生的微生物种类多，且能分解纤维素。而非反刍动物的肠道 CH_4 排放量较小。

反刍动物在瘤胃微生物作用下能利用其他动物不能利用的纤维素、半纤维素等结构性碳水化合物，将其转化为反刍动物可消化利用的物质［包括 CH_3COOH、C_2H_5COOH、C_3H_7COOH 等挥发性脂肪酸（volatile fatty acids，VFA）］，在厌氧发酵过程中产生大量的 H_2、CO_2 和 CH_4。瘤胃中甲烷菌合成 CH_4 主要有 3 种方式：

①CO_2-H_2还原途径。CO_2在一系列酶和辅酶的催化作用下，与甲基呋喃化合，经过一系列反应，被H_2还原生成CH_4。②以HCOOH、CH_3COOH和C_3H_7COOH等为底物的合成途径。③以CH_3OH、C_2H_5OH等甲基化合物为底物的合成途径。瘤胃中CH_4发酵初期和旺盛期，以CO_2-H_2还原途径为主，而在消化后期，与脂肪酸和醇等相联系的还原途径则生成较多的CH_4。产CH_4过程主要受动物类型、动物体重、日粮组成、采食量水平、环境条件、粪便管理、瘤胃内环境和食糜流动速度等因素影响。当饲喂以粗饲料为主的日粮时，CH_3COOH的含量有所提高；当增加饲料中精料的比例时，C_2H_5COOH的含量增加，此时CH_3COOH与C_2H_5COOH的比值下降，从而提高饲料利用率和动物的生产性能，减少了CH_4排放量。

从发酵条件来看，影响瘤胃发酵的影响因素主要包括：瘤胃内理化环境（包括温度、pH值、离子浓度及氧化还原电位等）和微生物菌群的数量、种类及其生理状态，以及动物的摄食种类和总量（发酵的底物）。改变反刍动物瘤胃内环境或动物进食量和饲料结构，或改变瘤胃内微生物的生理活性，都将显著影响反刍动物瘤胃发酵CH_4产生量，减少其温室气体的产生和排放。

（2）动物粪便管理过程中的排放

动物粪便管理过程中CH_4及N_2O的排放指畜禽粪便在养殖场内进行贮存和处理的过程中，由厌氧和兼性厌氧微生物发酵粪便中有机物产生的CH_4排放和含氮物质在硝化反应或反硝化反应过程中产生的N_2O排放。粪便被施入农田土壤之后的排放主要受饲料类型、饲料加工方式、瘤胃内环境、温度、pH值、氮素含量等因素的影响。一般而言，动物采食的饲料的能量和消化率越高，粪便量越少。同时，在计算养殖业非CO_2温室气体排放量时需考虑CH_4去除量，该去除量是指生产设备和工具通过火炬销毁、CH_4回收现场自用或外供第三方等措施而避免排放到大气中的CH_4量。

粪便管理过程中N_2O的排放是指施入土壤之前的动物粪肥在存储和处理过程中产生的N_2O，其中粪肥是指牲畜排泄的粪便和尿，包括固体部分和液体部分。

FAO 预测，2000—2030 年，动物数量将增加 40%，动物的平均氮排泄量也会增加，从而导致粪便管理过程中 N_2O 排放量的增加。N_2O 的排放是通过粪便中氮的硝化过程和反硝化过程产生的。粪便储存和管理中产生的 N_2O 排放取决于粪便中的氮含量和碳含量，以及存储的持续时间和管理方法的类型。硝化作用（氨态氮氧化成硝态氮）是储存的家畜粪便产生 N_2O 排放的必要条件。硝化作用发生在氧分充足条件下储存的家畜粪便中，而在厌氧条件下，不会发生硝化作用。自然发生的反硝化过程中（厌氧条件），亚硝酸盐和硝酸盐转变为 N_2O 和 N_2 等，在该过程中也会产生 N_2O 排放。科学文献中普遍公认（IPCC，2006），N_2O 与 N_2 的比例随着酸性、硝酸盐浓度的增加和水分减少而提高。此外，必须存在防止 N_2O 还原成 N_2 的条件，如低 pH 值或有限水分等。

粪便管理过程中的 N_2O 排放与动物的类型和数量、氮排泄率、粪便管理方式等有关。粪便处理过程中的环境条件也是影响 N_2O 排放的重要因素。有研究结果表明，温度是影响粪便管理过程中 N_2O 排放的重要因素之一，奶牛粪便的温室气体排放速率随温度的升高而升高。粪便的堆肥方式是影响 N_2O 排放的另一主要因素。另外，蓄粪池的水特性、蓄粪池的粪水停留时间、风速、覆盖、搅拌频率和降雨等因素都会影响粪便处理过程的温室气体排放。

2.2.2　排放影响因素与特征

养殖业温室气体排放的影响因素可以分为宏观和微观两个层面（如表 2-1 所示），其中宏观影响因素具体包括畜产品产量、畜牧业产值、农村人口数量、城镇居民数量、居民人均收入、城镇人口可支配收入以及畜禽养殖结构等。微观影响因素包括动物饲养种类、饲料特性、饲养方式、粪便管理方式以及畜牧养殖业生产效率等。

养殖业温室气体排放变化趋势主要受整体畜禽养殖数量变化的影响。随着经济的发展，人们的可支配收入增长，对肉类的需求也逐渐增加，从长远看将导致畜牧养殖业温室气体排放量相对增加。综合考虑数据的可获得性，经分析筛选，确定的直接相关重要因素为全国总人口、畜牧业总产值、畜禽产品产量（肉类、奶类和蛋类）、城镇人口以及城镇居民人均可支配收入共 5 大类相关影响因素。

表 2-1 影响养殖业温室气体排放的主要因素

宏观影响因素	微观影响因素
①畜产品产量； ②畜牧业产值； ③农村人口数量； ④城镇居民数量； ⑤居民人均收入； ⑥城镇人口可支配收入； ⑦畜禽养殖结构	①动物饲养种类； ②饲料特性； ③饲养方式； ④粪便管理方式； ⑤畜牧养殖业生产效率

第 3 章　种养殖业非 CO_2 温室气体排放现状

3.1　种养殖业非 CO_2 温室气体排放估算方法

3.1.1　种植业

3.1.1.1　估算方法

（1）CH_4 估算方法

种植业 CH_4 排放主要来自水稻，稻田 CH_4 排放估算方法学一般采用 IPCC 第一层级方法学。中国稻田 CH_4 排放量由不同类型稻田面积乘以相应稻田 CH_4 排放因子的结果累加得到。稻田类型分为单季稻、双季早稻、双季晚稻、冬水田 4 类。

排放公式如下：

$$\text{Emission} = A \times \text{EF} \tag{3-1}$$

式中：Emission —— 温室气体排放量，gCH_4/a；

A ——年度收获稻田的面积，m^2；

EF ——缺省排放因子，$gCH_4/(m^2 \cdot a)$。

（2）N_2O 估算方法

农用地 N_2O 排放包括直接排放和间接排放两部分，直接排放由氮投入量乘以 N_2O 排放因子得到。直接排放估算中，农用地类型分为旱作地、水稻田、果园和茶园 4 类。

间接排放包括大气氮沉降引起的 N_2O 排放和氮淋溶径流损失引起的 N_2O 排放两类。大气氮沉降引起的 N_2O 排放分为大气氮沉降到农用地内和农用地外，其来源包括畜禽粪便和施肥土壤活性氮气体挥发以及秸秆燃烧活性氮气体排放。氮淋溶径流损失引起的排放量为上述类型农用地氮投入量乘以氮淋溶径流损失率，再乘以氮淋溶径流损失引起的 N_2O 排放因子得到。本书排放因子采用了《2006 年 IPCC 国家温室气体清单指南》缺省值。

直接排放

$$\text{Emission} = A \times \text{EF} \tag{3-2}$$

式中：Emission —— 温室气体排放量，$kgN_2O\text{-}N/a$；

A ——年度氮素施用量，kgN/a；

EF ——缺省排放因子，$kgN_2O\text{-}N/kgN$。

间接排放

$$\text{Emission} = A \times \text{EF} \tag{3-3}$$

式中：Emission —— 温室气体排放量，$kgN_2O\text{-}N/a$；

A ——包括挥发、径流和淋溶损失的氮素量，kgN/a；

EF ——缺省排放因子，$kgN_2O\text{-}N/kgN$。

3.1.1.2 排放源及活动水平数据

种植业活动产生的碳排放主要源于 7 个方面：①化肥施用直接或间接产生的碳排放；②农药使用直接或间接产生的碳排放；③农用塑料薄膜使用直接或间接产生的碳排放；④农业机械使用所消耗的农用柴油产生的碳排放；⑤农地翻耕造成土壤有机碳库流失所产生的碳排放；⑥农业灌溉过程中消耗电能所产生的碳排放；⑦秸秆焚烧直接产生的碳排放。

产生非 CO_2 温室气体的排放源主要为化肥施用、土壤翻耕和稻田水淹过程导致的排放。在农作物种植过程中，对土壤表层的破坏导致大量 N_2O 气体流失到大气中；氮肥的施用也是增加土壤中 N_2O 排放的重要原因；水淹稻田则是种植业 CH_4 排放的重要来源。

排放活动水平数据一般为种植收获面积，如利用不同管理模式水稻排放因子进行估算时，应获取该模式下的实际种植面积。对 N_2O 排放的估算，需要了解一个区域内实际以氮元素计算的氮素质量，将其作为活动水平数据，然后配合相关排放因子进行估算。

3.1.1.3　排放因子

（1）化肥施用 N_2O 排放系数

采用温室气体排放因子（系数）对农田温室气体排放进行估算是目前运用较多的计量方法。

根据 IPCC（2006）方法学，土壤 N_2O 的排放包括直接排放和间接排放，其中直接排放是指农田施氮产生的 N_2O，间接排放是指土壤中挥发氮（NH_3 和 NO_x 形式）沉降进入土壤和水面过程中以及氮素淋溶和径流过程中产生的 N_2O 排放。土壤 N_2O 排放总量即为直接排放和间接排放之和。

IPCC（2006）给出的各种温室气体排放因子和缺省值用于估算不同生态系统、不同管理模式下的温室气体排放量。例如矿质土壤 N_2O 的直接排放系数为 0.01 kg N_2O-N/kgN，而淹水稻田的 N_2O 直接排放系数为 0.003 kgN_2O-N/kgN。但是，由于不同区域间气候、土壤和作物类型以及管理模式的差异，采用 IPCC 排放系数估算所有地区温室气体排放量存在很大不确定性。科学家对不同国家和地区的温室气体排放因子（系数）进行了研究。

根据《2005 年中国温室气体清单研究》，在中国，种植业中引起 N_2O 直接排放的氮源主要包括 3 种：农田施用的化学氮肥、农田施用的有机氮肥、作物秸秆直接还田输入和根茬残留的氮。种植业中引起 N_2O 间接排放的氮源主要包括 3 种：施肥农田的 NH_3 挥发和 NO_x 排放所导致的大气氮沉降、底肥农田淋溶或径流输入到水体的氮、农作物秸秆在田间焚烧排放的含氮活性物质所导致的大气氮沉降。

我国 Zou 等（2007）和 Yan 等（2003）分别对稻田 N_2O 和 CH_4 排放系数进行了研究，而卢燕宇等（2005）则开发了中国旱地的 N_2O 直接排放系数。其中，Zou 等（2007）将中国稻田按水分管理模式分类，进行了排放系数的开发；Yan 等（2003）则考虑了有机肥管理、水分管理和水稻种植季节等因素，对中国不同水稻种植区的稻田 CH_4 排放系数进行了开发；卢燕宇等（2005）则将降水量考虑为除氮素投入量外的另一个重要因子。他们还采用各自开发的排放系数对中国农田氮肥施用引起的 N_2O 排放量和中国稻田 CH_4 的排放量进行了估算。Zou 等（2007）估算了中国 1980—2000 年施肥引起的 N_2O 排放量，结果显示 20 年间中国氮肥施用引起的 N_2O 排放速率为 9.14×10^9 gN_2O-N/a，估算结果的不确定性与基于 IPCC 排放系数的估算结果的不确定性相比大大降低；Yan 等（2003）对 1995 年中国稻田水稻生育期的 CH_4 排放量进行了估算，结果表明全国排放量为 7.67×10^{12} g/a，其中湖南最高、青海最低，而且中国 90%的 CH_4 排放发生在北纬 23°—33°的地区。

温室气体排放有很大的空间和时间变异性，使用单一的排放因子来估算温室气体排放并不准确，而采用大量试验点进行温室气体长期观测的成本非常高。所以，近年来科学家开发出一系列过程模型来模拟田间尺度到区域尺度甚至全球尺度的温室气体排放（Wang et al.，2011；Smith et al.，1997；Luo et al.，2011；DeGryze et al.，2004）。

（2）稻田 CH_4 的排放系数

CH_4 是产甲烷菌在厌氧条件下，将乙酸（CH_3COOH）和 CO_2、H_2 还原而产生的，其相应的化学反应式为：

$$CH_3COOH \longrightarrow CH_4 + CO_2$$

$$CO_2 + 4H_2 \longrightarrow CH_4 + 2H_2O$$

因此，产生 CH_4 的土壤主要是在稻田这样的湿地环境中，湿地是大气 CH_4 的主要来源。

Yan 等（2003）根据 IPCC 第一层级方法学，设计了我国稻田 CH_4 排放模型：

$$\text{Emission} = \sum i \sum j \sum k \sum m \ (\text{EF}_{ijkm} \cdot A_{ijkm} \cdot L_{ijkm})$$

式中：i ——水稻生长区域；

j ——水稻生长季；

k ——水分情况；

m ——有机肥施用情况；

EF_{ijkm} ——甲烷排放因子（系数）；

A_{ijkm} ——水稻种植面积；

L_{ijkm} ——水稻生长季时间跨度。

该模型重点强调了为避免不同区域和条件下的排放存在较大差异，针对不同区域和条件应使用不同的排放因子，以提高估算排放量的总体可靠性，降低不确定性。

3.1.2　养殖业

（1）动物肠道发酵 CH_4 排放

根据畜牧业统计体系的数据对动物进行分类；选择和估算对应种类动物肠道发酵 CH_4 排放因子；将动物数量乘以对应的 CH_4 排放因子；不同类别动物肠道 CH_4 排放量加和得到总排放量。养殖业动物肠道发酵的 CH_4 排放量可以按照动物存栏量乘以对应的排放因子计算，公式如下：

$$\text{Emission}_{\text{肠道}CH_4}=\sum_{i}(\text{存栏量}_i\times\text{肠道}CH_4\text{排放因子}_i) \tag{3-4}$$

式中：i ——动物种类（肉牛、奶牛、猪和羊等）；

肠道 CH_4 排放因子取 IPCC 给出的发展中国家建议值。

（2）粪便管理和处置的 CH_4 排放

粪便管理和处置的 CH_4 排放是指在养殖业畜禽粪便施入土壤之前动物粪便储存及处理所产生的 CH_4。养殖业畜禽粪便的特性、粪便的管理方式、不同粪便管理方式的使用比例以及当地气候条件都会影响动物粪便在储存及处理过程中的 CH_4 排放因子。各类动物粪便管理过程中的 CH_4 排放量等于畜禽的存栏量乘以对应的排放因子，然后加和得到总排放量。核算畜禽粪便管理过程中的 CH_4 排放，主要可分为 3 个步骤进行：第一，根据养殖业统计体系的数据对动物进行分类；第二，根据畜禽种类、粪便特性等指标选择和估算对应动物粪便管理的 CH_4 排放因子；第三，动物数量乘以对应的 CH_4 排放因子，加和得到动物粪便管理的 CH_4 排放总量。计算公式如下：

$$\text{Emission}_{\text{粪便}CH_4}=\sum_i(\text{存栏量}_i\times\text{粪便}CH_4\text{排放因子}_i) \tag{3-5}$$

式中：i——动物种类（肉牛、奶牛、猪和羊等）；

粪便 CH_4 排放因子取 IPCC 给出的发展中国家（温和地区 15～25℃）建议值。

（3）粪便管理 N_2O 排放

粪便管理 N_2O 排放是指畜禽粪便施入土壤之前动物粪便存储以及处理所产生的 N_2O 排放。不同种类的动物每天排泄的粪便的含氮量和不同的粪便管理方式是影响动物粪便管理过程中 N_2O 排放量的重要因素。各类动物粪便管理过程中的 N_2O 排放量等于畜禽存栏量乘以不同动物粪便管理方式下的排放因子，然后加和得到总排放量。核算畜禽粪便管理过程中 N_2O 排放可以依据 3 个步骤：第一，根据养殖业统计数据对动物分类；第二，根据畜禽粪便含氮量及粪便管理方式等指标选择和估算对应种类动物粪便管理的 N_2O 排放因子；第三，动物数量乘以对应的 N_2O 排放因子，加和得到动物粪便管理的 N_2O 排放总量。适用的公式如下：

$$\text{Emission}_{\text{粪便}N_2O}=\sum_i(\text{存栏量}_i\times\text{粪便}N_2O\text{排放因子}_i\times\frac{44}{28}) \tag{3-6}$$

式中：i——动物种类（肉牛、奶牛、猪和羊等）；

粪便 N_2O 排放因子取 IPCC 给出的发展中国家建议值。

3.2 全球种养殖业非 CO_2 温室气体排放

《巴黎协定》确定了“将全球平均升温幅度控制在工业化水平 2℃之内”的目

标，仅依靠 CO_2 减排是很难达到这一目标的，非 CO_2 温室气体的控排对这一目标的实现更有指导意义。

根据《联合国气候变化框架公约》（UNFCCC）中各国提交的数据，附件一国家由于具有 1990—2015 年时间序列上的完整数据，因此具有较好的数据分析意义。2015 年，附件一国家非 CO_2 温室气体排放总量（不包括土地利用、土地利用变化和林业，非 CO_2 温室气体排放总量中不包括 NF_3，下同）为 36.25 亿 tCO_2 当量，其中 CH_4 排放量占比为 65.9%，N_2O 排放量占比为 23.1%。图 3-1 展示了附件一国家自 1990 年以来的非 CO_2 温室气体排放形势。1990—2015 年，附件一国家非 CO_2 温室气体排放总体呈下降趋势，年均下降率为 0.81%，其中，N_2O 排放量下降率最快，年均下降率为 1.25%，CH_4 排放量年均下降率为 0.94%。附件一国家 1990—2015 年含氟气体排放呈增长态势，年均增长率为 1.44%。

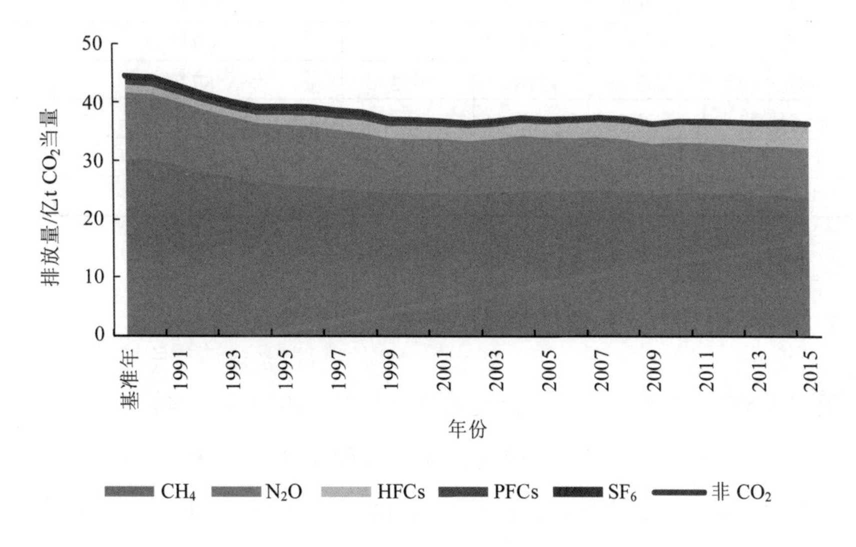

图 3-1 附件一国家非 CO_2 温室气体排放变化形势

（数据来源：UNFCCC）

美国环境保护局（USEPA）于 2013 年 9 月发布了《全球非 CO_2 温室气体减排：2010—2030 年》，对全球 2010—2030 年非 CO_2 温室气体排放情况进行了估算和预测，并对各领域温室气体减排措施及其边际减排成本进行了详细的分析。2010 年全球非 CO_2 温室气体排放量为 113.9 亿 tCO_2 当量，占温室气体排放总量的比例为 28%；各种非 CO_2 温室气体按部门和气体种类的排放量如表 3-1 所示。根据其中的预测，2030 年全球非 CO_2 温室气体排放量预计将增长 33%，达到 151.6 亿 tCO_2 当量，其中中国、美国、俄罗斯、印度和巴西是非 CO_2 温室气体排放量较大的 5 个国家，占全球总量的 40%左右。从部门角度而言，2010 年全球非 CO_2 温室气体排放量占比依次为农业、能源、废弃物处理和工业。

表 3-1　2010 年全球非 CO_2 温室气体排放量（按部门和气体种类分）

单位：10^6 tCO_2 当量

部门	CH_4	N_2O	含氟气体	全球非 CO_2 温室气体排放量	占比/%
农业	3 102	2 897	—	5 999	53
能源	2 991	54	—	3 044	27
工业	83	118	672	873	8
废弃物处理	1 374	97	—	1 471	13
总计	7 549	3 166	672	11 387	
占比	66%	28%	6%		

3.2.1　种植业非 CO_2 温室气体排放

根据 UNFCCC 附件一国家提交的排放数据，1990 年以来，附件一国家由于农业活动导致的非 CO_2 温室气体排放总体呈下降的趋势（如图 3-2 所示）。2016 年，附件一国家农业活动温室气体排放总量为 14.6 亿 tCO_2 当量，比 1990 年下降了 15.7%。在排放结构方面（如图 3-3 所示），排放量占比最大的为农用地产生的排放量（42.8%），其次为动物肠道发酵（39.2%），两种活动产生的排放量占农业活动总排放量的比例超过 80%。总体而言，大约从 2007 年开始，农业部门中温室气体排放量最大的活动由动物肠道发酵变成农用地排放。

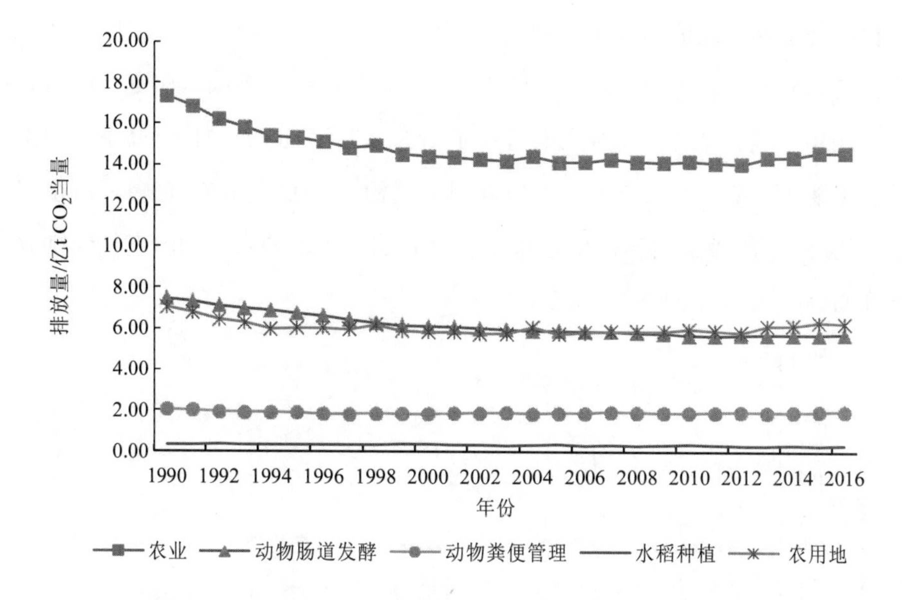

图 3-2　UNFCCC 附件一国家农业活动非 CO_2 温室气体排放情况

（数据来源：UNFCCC Data Interface）

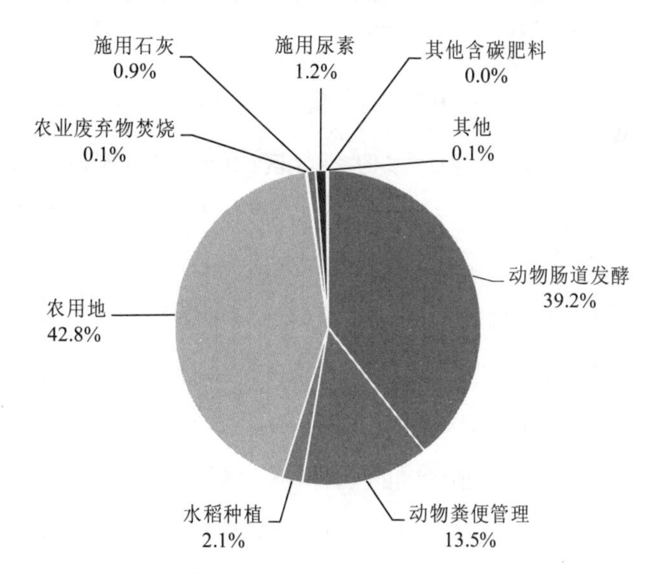

图 3-3　2016 年附件一国家农业活动非 CO_2 温室气体排放结构

（数据来源：UNFCCC Data Interface）

根据美国环境保护局全球非 CO_2 温室气体减排报告中的相关预测（如图 3-4 所示），2010 年，农用地排放量全球前五的国家为中国、美国、印度、巴西和阿根廷；2030 年全球农用地温室气体净排放量为 4.72 亿 tCO_2 当量，其中，中国仍然是农用地排放量最大的国家，2030 年排放量约为 1.05 亿 tCO_2 当量，占全球农用地排放总量的比例为 22%；但是相比于 2010 年，中国的农用地温室气体排放呈现下降的趋势，年均下降率为 0.2%。

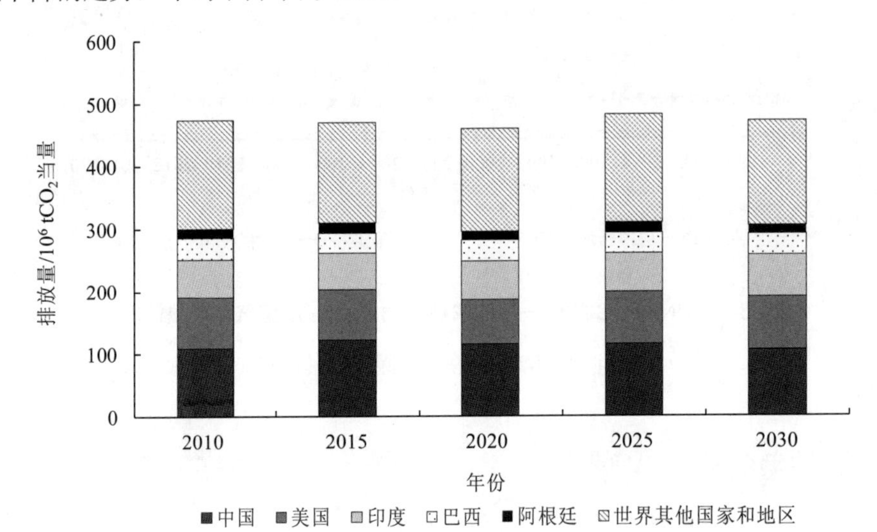

图 3-4 全球及主要国家和地区农用地温室气体净排放量预测

（数据来源：《全球非 CO_2 温室气体减排：2010—2030 年》）

根据美国环境保护局的预测，全球水稻种植的温室气体净排放量在未来仍将上升（如图 3-5 所示）。全球水稻种植温室气体排放量最大的国家主要集中在东亚和东南亚地区，以印度、印度尼西亚、中国、越南和孟加拉国排放最多。美国环境保护局预测了水稻种植活动的 CH_4、N_2O 排放和土壤碳吸收，预计到 2030 年，全球水稻种植的温室气体净排放量为 7.56 亿 tCO_2 当量，将比 2010 年上升 33.8%；根据预测，全球水稻种植 CH_4 排放量到 2030 年将略有下降（2%左右），而水稻种植的 N_2O 排放量将上升约 30%。

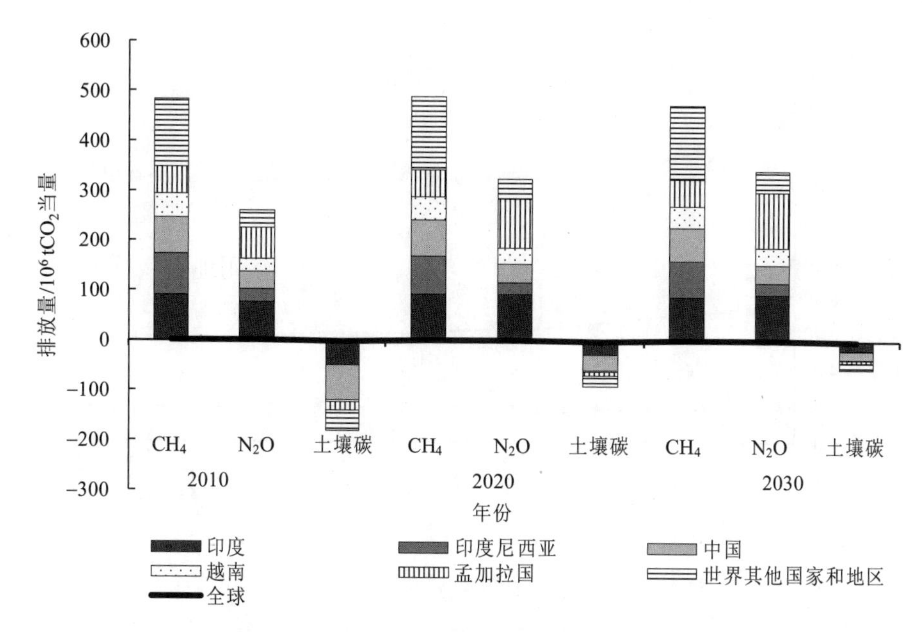

图 3-5　全球水稻种植非 CO_2 温室气体排放预测

（数据来源：《全球非 CO_2 温室气体减排：2010—2030 年》）

3.2.2　养殖业非 CO_2 温室气体排放

根据 UNFCCC 附件一国家提交的排放数据，自 1990 年以来动物肠道发酵非 CO_2 温室气体排放量同农业活动总排放量的变化趋势相近，总体呈下降态势；而动物粪便管理非 CO_2 温室气体排放量自 1990 年以来基本维持在同一水平，且远低于动物肠道发酵非 CO_2 温室气体排放量（如图 3-6 所示）。2016 年，附件一国家动物肠道发酵非 CO_2 温室气体排放量为 5.72 亿 CO_2 当量，比 1996 年下降了 23.3%，占当年附件一国家养殖业非 CO_2 温室气体排放量的 74.4%，占当年附件一国家农业活动非 CO_2 温室气体总排放量的 39.17%；动物粪便管理非 CO_2 温室气体排放量为 1.97 亿 CO_2 当量，比 1996 年下降了 3.8%，占当年附件一国家养殖业非 CO_2 温室气体排放量的 25.6%，占当年附件一国家农业活动非 CO_2 温室气体总排放量的 13.48%。由此可见，动物肠道发酵不仅是养殖业的主要排放源，也在农业活动领域占有较高排放比重。

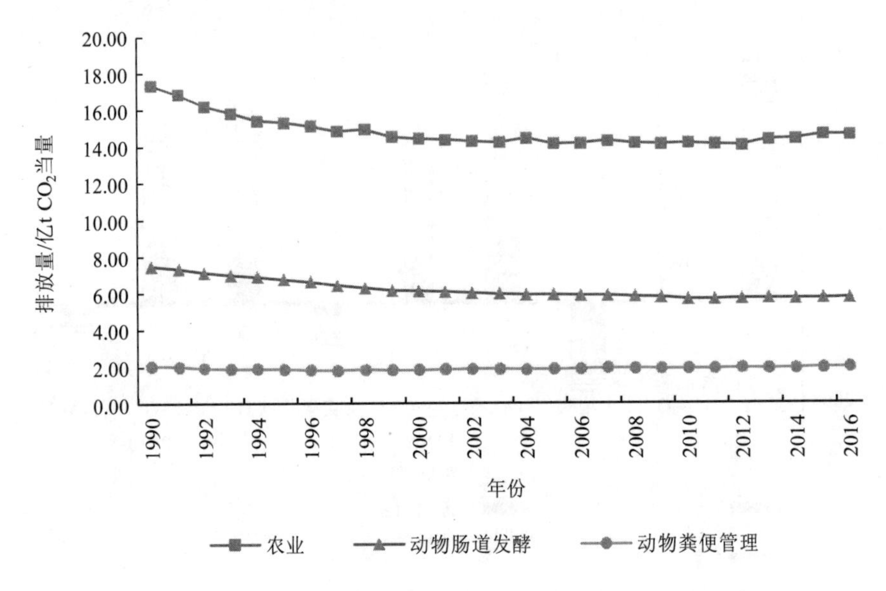

图 3-6　UNFCCC 附件一国家养殖业非 CO_2 温室气体排放情况

（数据来源：UNFCCC）

根据美国环境保护局全球非 CO_2 温室气体减排报告中的相关统计和预测，2010 年动物肠道发酵排放量排名前五的国家依次为印度、巴西、中国、美国和巴基斯坦。到 2030 年，全球动物肠道发酵 CH_4 排放处于不断上升趋势，排放量将达到 23.45 亿 tCO_2 当量，而排放量排名前五的国家不变，其排放量之和将占全球动物肠道发酵 CH_4 排放总量的 41.79%（如图 3-7 所示）。其中中国排放量仍处于第三位，将达到 1.91 亿 tCO_2 当量，年均增长率为 0.8%。

同样根据美国环境保护局的统计和预测，2010 年动物粪便管理非 CO_2 温室气体排放量排名前五的国家依次为中国、美国、印度、巴西和法国（如图 3-8 所示）。到 2030 年，全球动物粪便管理非 CO_2 温室气体排放处于不断上升趋势，排放量将达到 3.84 亿 tCO_2 当量，而排放量排名前五的国家不变，其排放量之和将占全球动物粪便管理排放总量的 50%。其中中国排放量仍处于首位，将达到 0.87 亿 tCO_2 当量，年均增长率为 0.5%。

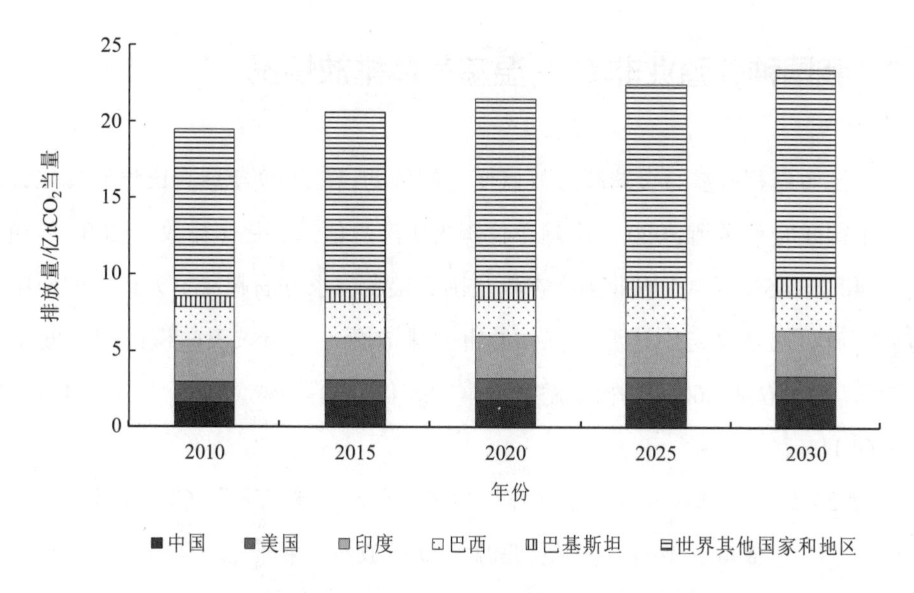

图 3-7　全球及主要国家和地区动物肠道发酵 CH_4 排放量预测

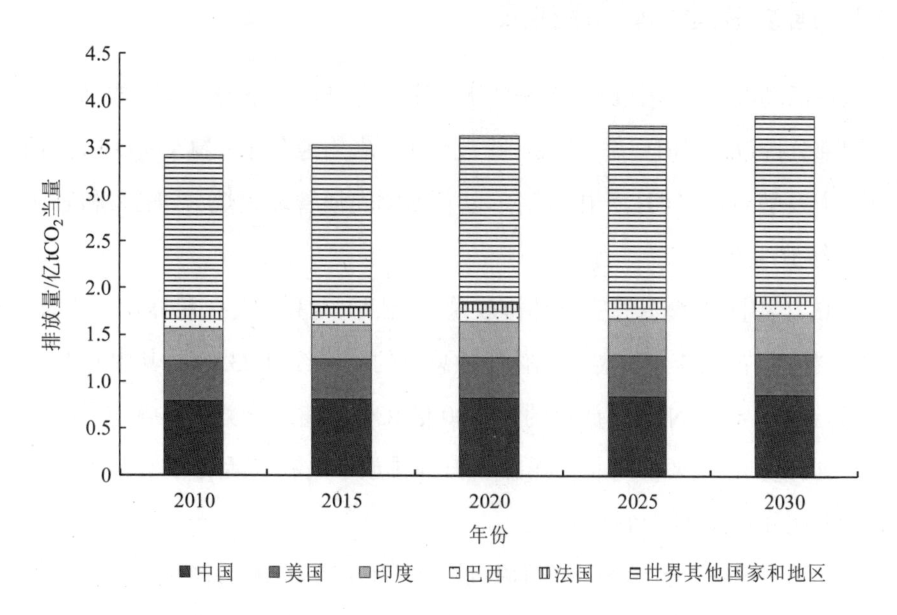

图 3-8　全球及主要国家和地区动物粪便管理非 CO_2 温室气体排放量预测

3.3　我国种养殖业非 CO_2 温室气体排放情况

中国政府积极参与全球减缓气候变化的行动。在 2009 年联合国气候变化大会上，中国政府承诺到 2020 年中国单位国内生产总值二氧化碳排放与 2005 年相比减少 40%～45%。中国农业生产在满足国家粮食需求方面起着至关重要的作用，与此同时，农业又是中国温室气体的重要排放源。中国农田面积占国土面积的 12.7%，中国农业 2005 年排放温室气体 7.88 亿 tCO_2 当量，约占全国温室气体排放量的 11%。

与 2005 年全球农业源温室气体排放量相比，中国农业源 CH_4 排放量占全球农业源 CH_4 排放量的 16%，中国农业源 N_2O 排放量占农业源 N_2O 排放量的 10%。因此在全国乃至全球，中国农业在减缓气候变化活动中扮演着重要角色。

3.3.1　国家温室气体清单排放

农业活动温室气体排放清单是中国温室气体排放清单的重要组成部分，主要包括四部分排放：稻田甲烷（CH_4）排放清单、农用地氧化亚氮（N_2O）排放清单、动物肠道发酵甲烷（CH_4）排放清单以及动物粪便管理甲烷（CH_4）和氧化亚氮（N_2O）排放清单。

2005 年中国非 CO_2 温室气体排放量（包括土地利用变化和林业）约为 16.71 亿 tCO_2 当量，占当年中国温室气体排放总量的比例约为 23.1%，其中 CH_4 排放量 10.46 亿 tCO_2 当量，N_2O 排放量约为 5.00 亿 tCO_2 当量，含氟气体排放量约为 1.25 亿 tCO_2 当量；在主要部门非 CO_2 温室气体排放中，农业活动 CH_4 排放量和 N_2O 排放量占比分别为 41.2%和 71.4%。

2010 年中国农业活动温室气体排放量约为 8.28 亿 tCO_2 当量，其中动物肠道发酵温室气体排放量为 2.17 亿 tCO_2 当量，占 26.2%；动物粪便管理温室气体排放量为 1.37 亿 tCO_2 当量，占 16.6%；水稻种植温室气体排放量为 1.83 亿 tCO_2 当量，占 22.1%；农用地温室气体排放量为 2.83 亿 tCO_2 当量，占 34.1%；农业废弃物田间燃烧温室气体排放量为 0.09 亿 tCO_2 当量，占 1.0%。在农业活动温室气体排放总量中，CH_4 排放量占总排放量的 56.8%，N_2O 排放量占 43.2%。

2012 年非 CO_2 温室气体排放量（不包括土地利用变化和林业）约 20.03 亿 tCO_2 当量（核算方法与 2005 年、2010 年和 2014 年的不同）。在主要部门非 CO_2 温室气体排放中，农业活动温室气体排放总量为 9.38 亿 tCO_2 当量，其中动物肠道发酵排放 2.26 亿 tCO_2 当量，占 24.1%；动物粪便管理排放 1.47 亿 tCO_2 当量，占 15.7%；水稻种植排放 1.78 亿 tCO_2 当量，占 18.9%；农用地排放 3.78 亿 tCO_2 当量，占 40.3%；农业废弃物田间焚烧排放 0.10 亿 tCO_2 当量，占 1.1%。从气体种类构成看，CH_4 排放量为 2 288.6 万 t，其中动物肠道发酵 CH_4 排放量占 46.9%，动物粪便管理 CH_4 排放量占 14.6%，水稻种植 CH_4 排放量占 37.0%，农业废弃物田间焚烧 CH_4 排放量占 1.5%；N_2O 排放量为 147.5 万 t，其中动物粪便管理 N_2O 排放量占 16.9%，农用地 N_2O 排放量占 82.6%，农业废弃物田间焚烧 N_2O 排放量占 0.5%。

2014 年中国非 CO_2 温室气体排放量（不包括土地利用变化和林业）约为 20.26 亿 tCO_2 当量，占当年中国温室气体排放总量的比例约为 16.5%，其中 CH_4 排放量为 11.25 亿 tCO_2 当量，N_2O 排放量为 6.10 亿 tCO_2 当量，含氟气体排放量为 2.91 亿 tCO_2 当量。在主要部门非 CO_2 温室气体排放中，农业活动温室气体排放量为 8.30 亿 tCO_2 当量，其中动物肠道发酵排放 2.07 亿 tCO_2 当量，占 24.9%；动物粪便管理排放 1.38 亿 tCO_2 当量，占 16.7%；水稻种植排放 1.87 亿 tCO_2 当量，占 22.6%；农用地排放 2.88 亿 tCO_2 当量，占 34.7%；农业废弃物田间焚烧排放 0.09 亿 tCO_2 当量，占 1.1%。从气体种类构成看，CH_4 排放 2 224.5 万 t，其中动物肠道发酵 CH_4 排放量占 44.3%，动物粪便管理 CH_4 排放量占 14.2%，水稻种植 CH_4 排放量占 40.1%，农业废弃物田间焚烧 CH_4 排放量占 1.4%；N_2O 排放量为 117.0 万 t，其中动物粪便管理 N_2O 排放量占 19.9%，农用地 N_2O 排放量占 79.5%，农业废弃物田间焚烧 N_2O 排放量占 0.6%。

3.3.2 种植业非 CO_2 温室气体历年排放

3.3.2.1 CH_4 排放情况

本书调查了 FAO 公布的 2000—2016 年中国 CH_4 排放数据，数据来自我国官方数据库。历年 CH_4 排放情况如表 3-2 所示。

表 3-2 FAO 中国 2000—2016 年 CH_4 排放数据

年份	排放量/10^3 t	排放量/10^3 tCO_2 当量	年份	排放量/10^3 t	排放量/10^3 tCO_2 当量
2000	5 262.206 7	110 506.341 6	2009	5 203.390 0	109 271.190 2
2001	5 060.321 8	106 266.758 1	2010	5 246.665 2	110 179.970 1
2002	4 953.117 3	104 015.462 5	2011	5 278.917 9	110 857.276 6
2003	4 655.600 0	97 767.600 8	2012	5 292.980 6	111 152.593 2
2004	4 984.151 1	104 667.172 7	2013	5 323.652 7	111 796.705 7
2005	5 066.468 9	106 395.846 1	2014	5 323.322 5	111 789.771 8
2006	5 082.361 6	106 729.594 0	2015	5 306.783 4	111 442.451 2
2007	5 079.044 0	106 659.923 4	2016	5 303.950 7	111 382.964 6
2008	5 135.614 4	107 847.902 3	合计	87 558.548 8	1838 729.525

注：不含香港特别行政区、澳门特别行政区和台湾省，下同。

从图 3-9 中可以看出，从 2004 年开始，我国 CH_4 排放量逐年上升，至 2014 年 CH_4 排放量达到平稳，2015—2016 年出现波动下降趋势。

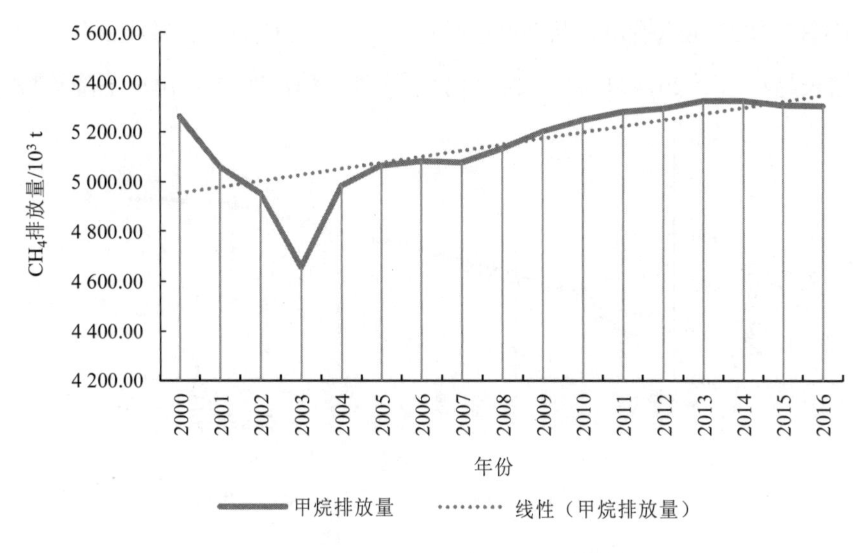

图 3-9　2000—2016 年中国 CH_4 排放情况

3.3.2.2　N_2O 排放情况

（1）N_2O 直接排放情况

FAO 公布了 2000—2015 年中国 N_2O 直接排放数据，数据来自我国官方数据库。具体数据如表 3-3 所示，历年 N_2O 排放情况如图 3-10 所示。

表 3-3　FAO 中国 2000—2015 年 N_2O 直接排放数据

年份	排放量/10^3 t	排放量/10^3 tCO_2 当量	年份	排放量/10^3 t	排放量/10^3 tCO_2 当量
2000	344.636 3	106 837.248 6	2008	445.301 7	138 043.522 6
2001	348.736 1	108 108.204 3	2009	454.216 9	140 807.230 1
2002	392.956 5	121 816.501 7	2010	463.132 2	143 570.986 4
2003	395.392 5	122 571.670 6	2011	472.494 5	146 473.286 1
2004	411.591 7	127 593.431 4	2012	481.363 7	149 222.736 7
2005	417.898 8	129 548.628 0	2013	484.011 5	150 043.572 4
2006	427.404 5	132 495.403 9	2014	486.848 5	150 923.027 6
2007	438.929 9	136 068.255 7	2015	485.073 8	150 372.881 0

从图 3-10 中可以看出，从 2003 年开始，我国 N_2O 直接排放量逐年上升，呈线性增长趋势，至 2014 年 CH_4 直接排放量达到平稳，2015 年出现下降趋势。

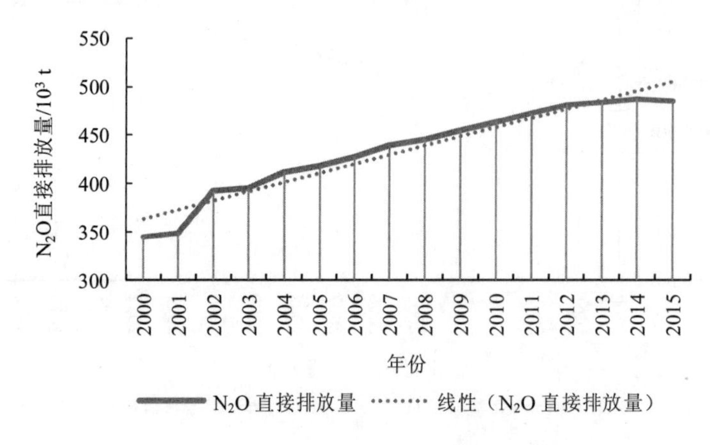

图 3-10　2000—2015 年中国 N_2O 直接排放情况

（2）N_2O 间接排放情况

FAO 公布了 2000—2015 年中国 N_2O 间接排放数据，数据来自我国官方数据库。具体数据如表 3-4 所示，历年 N_2O 排放情况如图 3-11 所示。

表 3-4　FAO 中国 2000—2015 年 N_2O 间接排放数据

年份	N_2O 间接排放量（淋溶）/10^3 t	N_2O 间接排放量（挥发）/10^3 t	N_2O 间接总排放量/10^3 t	N_2O 间接总排放量/10^3 tCO_2 当量
2000	77.543 2	34.463 6	112.006 8	34 722.105 8
2001	78.465 6	34.873 6	113.339 2	35 135.166 4
2002	88.415 2	39.295 6	127.710 8	39 590.363 1
2003	88.963 3	39.539 2	128.502 6	39 835.792 9
2004	92.608 1	41.159 2	133.767 3	41 467.865 2
2005	94.027 2	41.789 9	135.817 1	42 103.304 1
2006	96.166 0	42.740 5	138.906 5	43 061.006 3
2007	98.759 2	43.893 0	142.652 2	44 222.183 1
2008	100.192 9	44.530 2	144.723 0	44 864.144 8

年份	N_2O 间接排放量（淋溶）/10^3 t	N_2O 间接排放量（挥发）/10^3 t	N_2O 间接总排放量/10^3 t	N_2O 间接总排放量/10^3 tCO_2 当量
2009	102.198 8	45.421 7	147.620 5	45 762.349 8
2010	104.204 7	46.313 2	150.518 0	46 660.570 6
2011	106.311 3	47.249 4	153.560 7	47 603.818 0
2012	108.306 8	48.136 4	156.443 2	48 497.389 4
2013	108.902 6	48.401 2	157.303 7	48 764.161 0
2014	109.540 9	48.684 8	158.225 8	49 049.984 0
2015	109.141 6	48.507 4	157.649 0	48 871.186 3

从图 3-11 中可以看出，从 2002 年开始，我国 N_2O 间接排放量逐年上升，呈线性增长趋势，至 2014 年 N_2O 间接排放量达到平稳，2015 年出现下降趋势。N_2O 间接排放量变化趋势与直接排放量变化趋势相似。

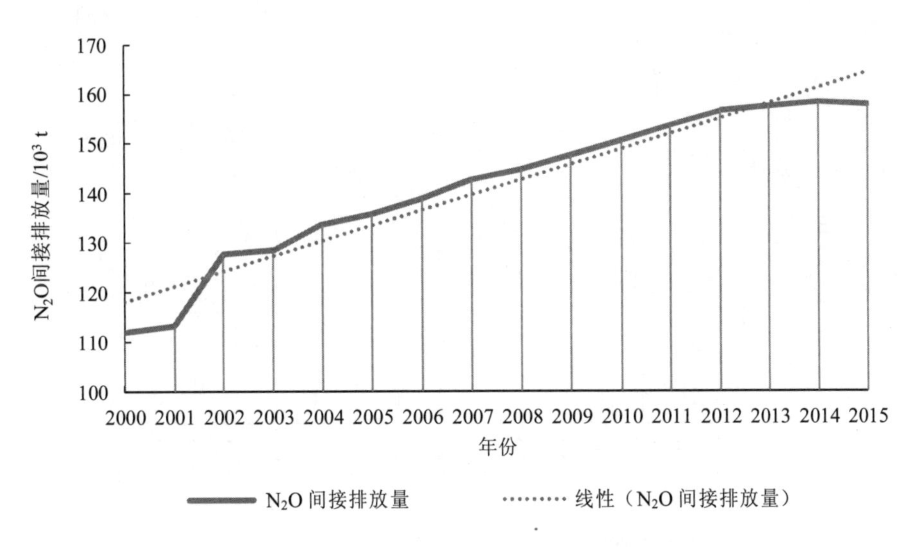

图 3-11　2000—2015 年中国 N_2O 间接排放情况

（3）N_2O 总排放情况

FAO 公布了 2000—2015 年中国 N_2O 排放数据，数据来自我国官方数据库。具体数据如表 3-5 所示，历年 N_2O 排放情况如图 3-12 所示。

表 3-5　FAO 中国 2000—2015 年 N_2O 总排放数据

年份	排放量/10^3 t	排放量/10^3 tCO_2 当量	年份	排放量/10^3 t	排放量/10^3 tCO_2 当量
2000	456.643 1	141 559.354 4	2008	590.024 7	182 907.667 4
2001	462.075 4	143 243.370 7	2009	601.837 4	186 569.579 9
2002	520.667 3	161 406.864 8	2010	613.650 2	190 231.557 0
2003	523.895 1	162 407.463 5	2011	626.055 2	194 077.104 1
2004	545.359 0	169 061.296 6	2012	637.806 9	197 720.126 1
2005	553.715 9	171 651.932 1	2013	641.315 3	198 807.733 4
2006	566.311 0	175 556.410 1	2014	645.074 2	199 973.011 6
2007	581.582 1	180 290.438 8	2015	642.722 8	199 244.067 3

从图 3-12 可以看出，N_2O 排放量从 2002 年开始逐年上升，至 2013 年达到平稳，2014—2015 年出现波动下降趋势。

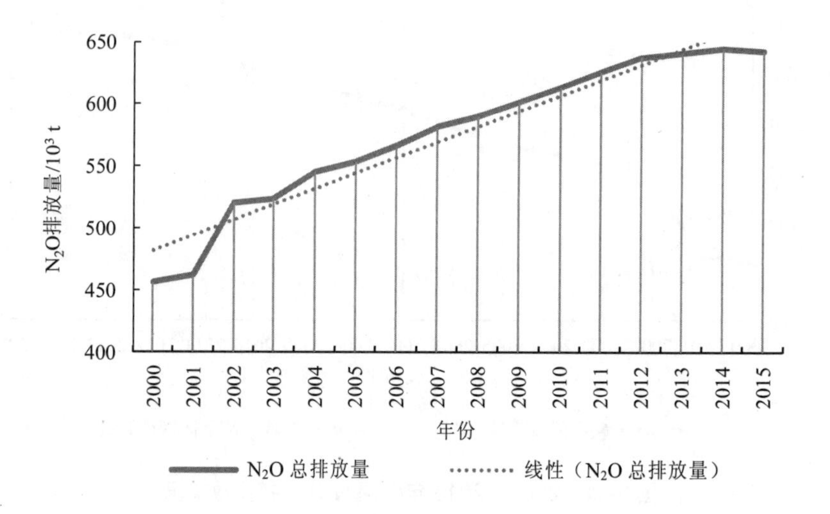

图 3-12　2000—2015 年中国 N_2O 总排放情况

3.3.3　养殖业非 CO_2 温室气体历年排放

本部分中引用的中国养殖业非 CO_2 温室气体排放数据包括动物肠道发酵 CH_4 排放、粪便管理 CH_4 和 N_2O 排放。数据来源于 FAO 数据。本书涉及的反刍类肠道发酵产 CH_4 牲畜包括水牛、奶牛、肉牛、骆驼、山羊和绵羊。本书涉及的粪便管理中产生 CH_4 及 N_2O 的牲畜包括水牛、奶牛、肉牛、骆驼、山羊、绵羊、马、肉鸡、蛋鸡、鸭和猪。与养殖业非 CO_2 温室气体排放具有相关性的指标包括总人口，畜牧业产值，肉类、蛋类和奶类产量，城镇人口以及城镇居民人均可支配收入，相关数据来自国家统计局《中国统计年鉴》公开数据。时间选取 2000—2017 年（共 18 年的时间跨度）。具体排放情况如表 3-6～表 3-27 所示。

3.3.3.1　肠道发酵 CH_4 排放情况

2000—2017 年反刍牲畜肠道发酵 CH_4 排放情况如表 3-6～表 3-12 及图 3-13 所示。

表 3-6　水牛肠道发酵 CH_4 排放情况

序号	年份	排放量/10^3 t	排放量/10^3 tCO_2当量	序号	年份	排放量/10^3 t	排放量/10^3 tCO_2当量
1	2000	1 242.725 9	26 097.244 6	11	2010	1 298.133 3	27 260.799 7
2	2001	1 252.063 0	26 293.322 1	12	2011	1 286.016 8	27 006.353 2
3	2002	1 247.929 1	26 206.511 1	13	2012	1 284.136 0	26 966.855 7
4	2003	1 250.103 9	26 252.182 1	14	2013	1 278.941 2	26 857.765 9
5	2004	1 225.796 7	25 741.729 9	15	2014	1 284.129 6	26 966.721 7
6	2005	1 230.096 0	25 832.015 1	16	2015	1 301.428 7	27 330.002 7
7	2006	1 237.436 1	25 986.157 9	17	2016	1 309.034 7	27 489.728 8
8	2007	1 249.641 9	26 242.480 1	18	2017	1 290.946 5	27 109.875 9
9	2008	1 279.954 4	26 879.043 3	合计		22 828.438 7	479 397.212 9
10	2009	1 279.924 9	26 878.423 1				

表 3-7 骆驼肠道发酵 CH_4 排放情况

序号	年份	排放量/10^3 t	排放量/10^3 tCO_2 当量	序号	年份	排放量/10^3 t	排放量/10^3 tCO_2 当量
1	2000	15.180 0	318.780 0	11	2010	11.408 0	239.568 0
2	2001	14.996 0	314.916 0	12	2011	11.776 0	247.296 0
3	2002	12.834 0	269.514 0	13	2012	12.558 0	263.718 0
4	2003	12.144 0	255.024 0	14	2013	13.570 0	284.970 0
5	2004	12.190 0	255.990 0	15	2014	14.545 2	305.449 2
6	2005	12.052 0	253.092 0	16	2015	13.846 0	290.766 0
7	2006	12.217 6	256.569 6	17	2016	14.030 0	294.630 0
8	2007	12.374 0	259.854 0	18	2017	14.858 0	312.018 0
9	2008	11.132 0	233.772 0	合计		232.750 8	4 887.766 8
10	2009	11.040 0	231.840 0				

表 3-8 奶牛肠道发酵 CH_4 排放情况

序号	年份	排放量/10^3 t	排放量/10^3 tCO_2 当量	序号	年份	排放量/10^3 t	排放量/10^3 tCO_2 当量
1	2000	330.906 7	6 949.040 7	11	2010	843.892 9	17 721.751 3
2	2001	336.819 0	7 073.198 2	12	2011	836.217 5	17 560.567 2
3	2002	389.447 9	8 178.405 9	13	2012	830.090 7	17 431.904 4
4	2003	471.753 9	9 906.831 4	14	2013	826.823 2	17 363.287 6
5	2004	611.424 0	12 839.904 8	15	2014	854.115 4	17 936.422 6
6	2005	757.156 9	15 900.294 5	16	2015	806.420 4	16 934.827 6
7	2006	838.658 6	17 611.831 0	17	2016	864.815 8	18 161.131 2
8	2007	859.676 7	18 053.210 1	18	2017	816.994 2	17 156.878 8
9	2008	842.392 4	17 690.239 6	合计		12 950.101 3	271 952.124 0
10	2009	832.495 1	17 482.397 1				

表 3-9　肉牛肠道发酵 CH_4 排放情况

序号	年份	排放量/10^3 t	排放量/10^3 tCO_2当量	序号	年份	排放量/10^3 t	排放量/10^3 tCO_2当量
1	2000	4 685.302 3	98 391.349 3	11	2010	3 355.234 2	70 459.917 5
2	2001	4 510.882 0	94 728.522 2	12	2011	3 324.142 8	69 806.998 3
3	2002	4 221.930 1	88 660.533 1	13	2012	3 205.201 1	67 309.224 0
4	2003	4 049.615 5	85 041.925 6	14	2013	3 203.973 3	67 283.438 6
5	2004	3 911.148 6	82 134.120 9	15	2014	3 200.345 9	67 207.264 9
6	2005	3 712.984 5	77 972.675 3	16	2015	3 309.111 1	69 491.333 9
7	2006	3 535.113 3	74 237.378 7	17	2016	3 374.857 1	70 871.998 9
8	2007	3 262.953 9	68 522.031 8	18	2017	3 353.006 1	70 413.128 8
9	2008	3 310.076 1	69 511.599 0	合计		64 833.835 5	1361 510.549 8
10	2009	3 307.957 6	69 467.109 0				

表 3-10　山羊肠道发酵 CH_4 排放情况

序号	年份	排放量/10^3 t	排放量/10^3 tCO_2当量	序号	年份	排放量/10^3 t	排放量/10^3 tCO_2当量
1	2000	742.391 2	15 590.215 7	11	2010	753.540 5	15 824.350 6
2	2001	748.701 5	15 722.732 0	12	2011	711.222 7	14 935.676 1
3	2002	729.364 6	15 316.657 5	13	2012	714.667 6	15 008.018 6
4	2003	743.267 1	15 608.609 8	14	2013	707.646 4	14 860.574 7
5	2004	749.644 3	15 742.530 5	15	2014	702.534 7	14 753.227 7
6	2005	761.095 7	15 983.009 9	16	2015	724.088 3	15 205.854 5
7	2006	734.290 2	15 420.093 5	17	2016	745.455 7	15 654.569 8
8	2007	689.650 4	14 482.657 8	18	2017	699.580 5	14 691.190 1
9	2008	717.976 1	15 077.498 4	合计		13 137.613 0	275 889.872 8
10	2009	762.495 5	16 012.405 6				

表 3-11 绵羊肠道发酵 CH_4 排放情况

序号	年份	排放量/10^3 t	排放量/10^3 tCO_2 当量	序号	年份	排放量/10^3 t	排放量/10^3 tCO_2 当量
1	2000	655.475 5	13 764.986 0	11	2010	670.106 1	14 072.227 9
2	2001	650.131 1	13 652.752 8	12	2011	694.201 1	14 578.223 0
3	2002	653.141 1	13 715.962 6	13	2012	698.078 6	14 659.650 6
4	2003	669.986 1	14 069.707 6	14	2013	718.400 2	15 086.404 2
5	2004	716.976 1	15 056.497 6	15	2014	750.087 2	15 751.831 2
6	2005	761.526 1	15 992.047 6	16	2015	792.451 2	16 641.474 6
7	2006	756.686 1	15 890.407 4	17	2016	810.313 6	17 016.585 1
8	2007	730.091 0	15 331.911 6	18	2017	806.755 1	16 941.856 7
9	2008	711.411 0	14 939.631 8	合计		12 888.603 3	270 660.665 8
10	2009	642.786 1	13 498.507 5				

表 3-12 历年肠道发酵 CH_4 排放情况

序号	年份	排放量/10^3 t	排放量/10^3 tCO_2 当量	序号	年份	排放量/10^3 t	排放量/10^3 tCO_2 当量
1	2000	7 671.98	161 111.62	11	2010	6 932.32	145 578.62
2	2001	7 513.59	157 785.44	12	2011	6 863.58	144 135.11
3	2002	7 254.65	152 347.58	13	2012	6 744.73	141 639.37
4	2003	7 196.87	151 134.28	14	2013	6 749.35	141 736.44
5	2004	7 227.18	151 770.77	15	2014	6 805.76	142 920.92
6	2005	7 234.91	151 933.13	16	2015	6 947.35	145 894.26
7	2006	7 114.40	149 402.44	17	2016	7 118.51	149 488.64
8	2007	6 804.39	142 892.15	18	2017	6 982.14	146 624.95
9	2008	6 872.94	144 331.78	合计		126 871.34	2664 298.19
10	2009	6 836.70	143 570.68				

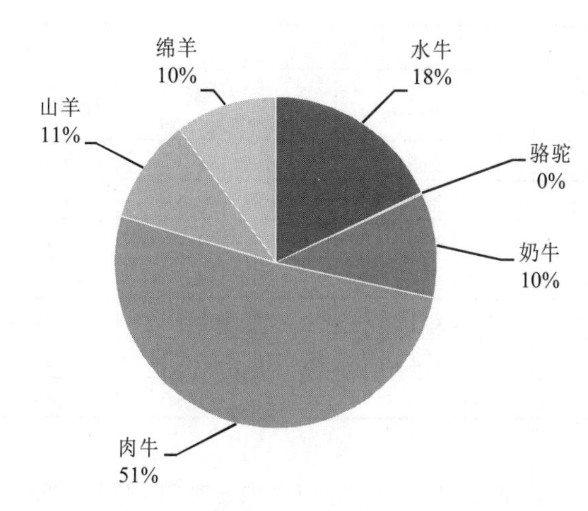

图 3-13　反刍牲畜肠道发酵 CH_4 排放占比情况

3.3.3.2　粪便管理 CH_4 排放情况

2000—2017 年牲畜粪便管理 CH_4 排放情况如表 3-13～表 3-19 及图 3-14 所示。

表 3-13　水牛和骆驼粪便管理 CH_4 排放情况

序号	年份	水牛粪便管理 CH_4 排放		骆驼粪便管理 CH_4 排放	
		排放量/10^3 t	排放量/10^3 tCO_2 当量	排放量/10^3 t	排放量/10^3 tCO_2 当量
1	2000	22.603 0	474.663 7	0.422 4	8.870 4
2	2001	22.771 6	478.202 8	0.417 3	8.762 9
3	2002	22.695 2	476.600 0	0.357 1	7.499 5
4	2003	22.734 3	477.420 8	0.337 9	7.096 3
5	2004	22.292 4	468.140 9	0.339 2	7.123 2
6	2005	22.369 8	469.765 0	0.335 4	7.042 6
7	2006	22.502 7	472.556 2	0.340 0	7.139 3
8	2007	22.724 5	477.215 0	0.344 3	7.230 7
9	2008	23.275 8	488.791 8	0.309 8	6.505 0
10	2009	23.275 5	488.786 0	0.307 2	6.451 2
11	2010	23.606 5	495.737 5	0.317 4	6.666 2
12	2011	23.386 2	491.111 2	0.327 7	6.881 3

序号	年份	水牛粪便管理 CH_4 排放		骆驼粪便管理 CH_4 排放	
		排放量/10^3 t	排放量/10^3 tCO_2 当量	排放量/10^3 t	排放量/10^3 tCO_2 当量
13	2012	23.351 9	490.388 9	0.349 4	7.338 2
14	2013	23.257 0	488.396 0	0.377 6	7.929 6
15	2014	23.350 6	490.363 1	0.404 7	8.499 5
16	2015	23.665 1	496.966 7	0.385 3	8.090 9
17	2016	23.803 3	499.868 5	0.390 4	8.198 4
18	2017	23.474 1	492.956 3	0.413 4	8.682 2
合计		415.139 5	8 717.930 4	6.476 5	136.007 4

表 3-14 奶牛和肉牛粪便管理 CH_4 排放情况

序号	年份	奶牛粪便管理 CH_4 排放		肉牛粪便管理 CH_4 排放	
		排放量/10^3 t	排放量/10^3 tCO_2 当量	排放量/10^3 t	排放量/10^3 tCO_2 当量
1	2000	44.592 0	936.431 5	99.687 3	2 093.433 0
2	2001	45.373 8	952.849 4	95.976 2	2 015.500 5
3	2002	52.326 8	1 098.862 3	89.828 3	1 886.394 3
4	2003	63.212 8	1 327.468 3	86.162 0	1 809.402 7
5	2004	81.638 3	1 714.403 4	83.215 9	1 747.534 5
6	2005	100.868 0	2 118.226 9	78.999 7	1 658.993 1
7	2006	111.637 6	2 344.390 5	75.215 2	1 579.518 7
8	2007	114.408 5	2 402.577 5	69.424 6	1 457.915 6
9	2008	112.130 6	2 354.742 9	70.427 2	1 478.970 2
10	2009	110.814 1	2 327.096 0	70.382 1	1 478.023 6
11	2010	112.330 0	2 358.930 6	71.388 0	1 499.147 2
12	2011	111.339 7	2 338.133 2	70.726 4	1 485.255 3
13	2012	110.551 6	2 321.583 1	68.195 8	1 432.111 1
14	2013	110.142 5	2 312.992 6	68.169 6	1 431.562 5
15	2014	113.771 0	2 389.190 2	68.092 5	1 429.941 8
16	2015	107.453 6	2 256.526 1	70.406 6	1 478.539 0
17	2016	115.203 5	2 419.273 5	71.805 5	1 507.914 9
18	2017	108.847 1	2 285.788 7	71.340 6	1 498.151 7
合计		1 726.641 5	36 259.466 7	1 379.443 5	28 968.309 7

表 3-15　马和鸭粪便管理 CH_4 排放情况

序号	年份	马粪便管理 CH_4 排放		鸭粪便管理 CH_4 排放	
		排放量/10^3 t	排放量/10^3 tCO_2 当量	排放量/10^3 t	排放量/10^3 tCO_2 当量
1	2000	9.719 8	204.115 6	6.235 3	130.940 5
2	2001	9.558 7	200.732 3	6.467 3	135.812 9
3	2002	9.007 2	189.150 8	6.967 1	146.308 7
4	2003	8.819 7	185.214 3	6.707 1	140.848 7
5	2004	8.614 8	180.910 6	7.207 2	151.351 6
6	2005	8.330 4	174.938 3	7.400 4	155.407 6
7	2006	8.069 5	169.459 8	7.540 4	158.348 0
8	2007	7.846 6	164.778 4	7.043 2	147.908 0
9	2008	7.664 4	160.951 9	7.525 0	158.025 0
10	2009	7.438 8	156.214 0	7.598 5	159.569 3
11	2010	7.399 5	155.389 6	8.061 4	169.289 0
12	2011	7.384 1	155.065 5	6.859 5	144.049 1
13	2012	7.316 7	153.649 9	7.158 2	150.321 4
14	2013	6.908 8	145.085 5	7.037 6	147.789 2
15	2014	6.573 8	138.049 2	6.738 2	141.502 6
16	2015	6.591 1	138.413 3	6.984 3	146.670 4
17	2016	6.444 1	135.325 7	7.476 5	157.006 5
18	2017	6.007 0	126.146 6	7.319 7	153.714 4
合计		139.695 0	2 933.591 3	128.326 9	2 694.862 9

表 3-16 肉鸡和蛋鸡粪便管理 CH_4 排放情况

序号	年份	CH_4 排放量（肉鸡）/10^3 t	CH_4 排放量（肉鸡）/10^3 tCO_2 当量	CH_4 排放量（蛋鸡）/10^3 t	CH_4 排放量（蛋鸡）/10^3 tCO_2 当量
1	2000	17.795 7	373.709 3	19.664 6	412.955 7
2	2001	18.939 1	397.721 1	19.950 6	418.962 6
3	2002	21.503 5	451.574 3	20.674 7	434.167 9
4	2003	20.298 8	426.274	20.712 2	434.955 4
5	2004	21.589 2	453.373 6	21.703 7	455.778 5
6	2005	22.862 3	480.107 9	22.692 6	476.544 6
7	2006	22.163 7	465.437 3	23.423 7	491.897 3
8	2007	24.007 5	504.156 9	24.224 2	508.708 0
9	2008	26.116 7	548.451 3	25.241 3	530.066 3
10	2009	27.512 4	577.759 6	25.731 6	540.363 6
11	2010	28.058 5	589.228 5	25.995 9	545.913 9
12	2011	21.941 8	460.777 8	26.178	549.737 2
13	2012	23.218 1	487.580 1	26.936 6	565.669 0
14	2013	22.050 8	463.066 8	27.237 8	571.993 0
15	2014	19.502 1	409.544 5	27.755 7	582.869 3
16	2015	17.810 7	374.024 3	30.167 5	633.518 3
17	2016	20.825 6	437.337 8	30.568 9	641.946 9
18	2017	18.769 8	394.165 1	31.936 4	670.664 0
合计		394.966 3	8 294.290 2	450.796 0	9 466.711 5

表 3-17　绵羊和山羊粪便管理 CH_4 排放情况

序号	年份	绵羊粪便管理 CH_4 排放		山羊粪便管理 CH_4 排放	
		排放量/10^3 t	排放量/10^3 tCO_2 当量	排放量/10^3 t	排放量/10^3 tCO_2 当量
1	2000	13.109 5	275.299 8	16.351 5	343.382 0
2	2001	13.002 6	273.055 3	16.488 5	346.258 3
3	2002	13.062 8	274.319 5	16.061 0	337.281 4
4	2003	13.399 7	281.394 4	16.366 4	343.693 6
5	2004	14.339 5	301.130 2	16.507 2	346.650 5
6	2005	15.230 5	319.841 2	16.760 0	351.959 0
7	2006	15.133 7	317.808 4	16.170 5	339.579 8
8	2007	14.601 8	306.638 4	15.187 3	318.933 6
9	2008	14.228 2	298.792 9	15.809 3	331.995 0
10	2009	12.855 7	269.970 4	16.787 3	352.533 9
11	2010	13.402 1	281.444 8	16.590 3	348.396 7
12	2011	13.884 0	291.564 7	15.659 2	328.843 8
13	2012	13.961 6	293.193 2	15.734 2	330.417 2
14	2013	14.368 0	301.728 3	15.578 3	327.144 1
15	2014	15.001 8	315.036 9	15.465 5	324.774 5
16	2015	15.849 0	332.829 7	15.939 5	334.728 5
17	2016	16.206 3	340.331 9	16.409 4	344.598 0
18	2017	16.135 1	338.837 4	15.399 6	323.391 0
合计		257.771 9	5 413.217 4	289.265 0	6 074.560 9

表 3-18 猪粪便管理 CH_4 排放情况

序号	年份	排放量/10^3 t	排放量/10^3 tCO_2当量	序号	年份	排放量/10^3 t	排放量/10^3 tCO_2当量
1	2000	810.202 5	17 014.252 0	11	2010	874.278 0	18 359.838 3
2	2001	784.189 6	16 467.981 5	12	2011	864.904 3	18 162.990 0
3	2002	788.339 7	16 555.134 2	13	2012	872.511 6	18 322.743 5
4	2003	783.421 8	16 451.858 5	14	2013	884.472 8	18 573.929 3
5	2004	776.232 0	16 300.871 9	15	2014	880.327 2	18 486.872 1
6	2005	789.739 1	16 584.520 4	16	2015	864.241 6	18 149.074 5
7	2006	812.857 2	17 070.001 7	17	2016	837.442 6	17 586.294 5
8	2007	785.746 0	16 500.665 9	18	2017	808.277 5	16 973.827 4
9	2008	822.234 6	17 266.925 9	合计		14 902.305 7	312 948.420 9
10	2009	862.887 6	18 120.639 3				

表 3-19 粪便管理 CH_4 总排放情况

序号	年份	排放量/10^3 t	排放量/10^3 tCO_2当量	序号	年份	排放量/10^3 t	排放量/10^3 tCO_2当量
1	2000	1 060.383 6	22 268.053 5	11	2010	1 181.427 6	24 809.982 3
2	2001	1 033.135 3	21 695.839 6	12	2011	1 162.590 9	24 414.409 1
3	2002	1 040.823 4	21 857.292 9	13	2012	1 169.285 7	24 554.995 6
4	2003	1 042.172 7	21 885.627 0	14	2013	1 179.600 8	24 771.616 9
5	2004	1 053.679 4	22 127.268 9	15	2014	1 176.983 1	24 716.643 7
6	2005	1 085.588 2	22 797.346 6	16	2015	1 159.494 3	24 349.381 7
7	2006	1 115.054 2	23 416.137 0	17	2016	1 146.576 1	24 078.096 6
8	2007	1 085.558 5	22 796.728 0	18	2017	1 107.920 3	23 266.324 8
9	2008	1 124.962 9	23 624.218 2	合计		20 090.827 8	421 907.369 3
10	2009	1 165.590 8	24 477.406 9				

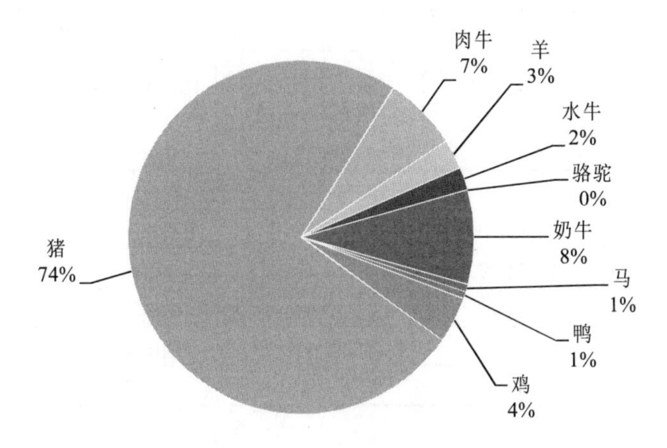

图 3-14　粪便管理 CH_4 排放占比

3.3.3.3　粪便管理 N_2O 排放情况

2000—2017 年牲畜粪便管理 N_2O 排放情况如表 3-20～表 3-25 所示。

表 3-20　水牛和骆驼粪便管理 N_2O 排放

序号	年份	水牛粪便管理 N_2O 排放		骆驼粪便管理 N_2O 排放	
		排放量/10^3 t	排放量/10^3 tCO_2 当量	排放量/10^3 t	排放量/10^3 tCO_2 当量
1	2000	14.860 9	4 606.882 6	0.004 7	1.464 3
2	2001	14.972 6	4 641.495 7	0.004 7	1.446 5
3	2002	14.923 1	4 626.171 1	0.004 0	1.238 0
4	2003	14.949 1	4 634.233 3	0.003 8	1.171 4
5	2004	14.658 5	4 544.124 4	0.003 8	1.175 9
6	2005	14.709 9	4 560.062 3	0.003 8	1.162 5
7	2006	14.797 7	4 587.272 7	0.003 8	1.178 5
8	2007	14.943 6	4 632.520 6	0.003 9	1.193 6
9	2008	15.306 1	4 744.891 6	0.003 5	1.073 8
10	2009	15.305 7	4 744.782 1	0.003 4	1.064 9
11	2010	15.523 5	4 812.282 1	0.003 5	1.100 4
12	2011	15.378 6	4 767.365 3	0.003 7	1.135 9

序号	年份	水牛粪便管理 N_2O 排放		骆驼粪便管理 N_2O 排放	
		排放量/10^3 t	排放量/10^3 tCO_2 当量	排放量/10^3 t	排放量/10^3 tCO_2 当量
13	2012	15.356 1	4 760.392 9	0.003 9	1.211 3
14	2013	15.294 0	4 741.135 5	0.004 2	1.309 0
15	2014	15.356 0	4 760.369 2	0.004 5	1.403 0
16	2015	15.562 9	4 824.498 3	0.004 3	1.335 6
17	2016	15.653 9	4 852.694 4	0.004 4	1.353 3
18	2017	15.437 5	4 785.639 9	0.004 6	1.433 2
合计		272.989 7	84 626.814 0	0.072 5	22.451 1

表 3-21 奶牛和肉牛粪便管理 N_2O 排放

序号	年份	奶牛粪便管理 N_2O 排放		肉牛粪便管理 N_2O 排放	
		排放量/10^3 t	排放量/10^3 tCO_2 当量	排放量/10^3 t	排放量/10^3 tCO_2 当量
1	2000	1.727 8	535.606 7	65.611 9	20 339.685 6
2	2001	1.758 6	545.176 3	63.169 3	19 582.497 6
3	2002	2.033 4	630.361 6	59.122 9	18 328.108 9
4	2003	2.463 2	763.582 4	56.709 9	17 580.062 1
5	2004	3.192 4	989.652 9	54.770 8	16 978.954 0
6	2005	3.953 3	1 225.536 6	51.995 8	16 118.690 4
7	2006	4.378 9	1 357.455 6	49.504 9	15 346.521 3
8	2007	4.488 6	1 391.475 5	45.693 7	14 165.031 7
9	2008	4.398 4	1 363.499 0	46.353 5	14 369.597 3
10	2009	4.346 7	1 347.479 3	46.323 9	14 360.400 2
11	2010	4.406 2	1 365.927 8	46.985 9	14 565.635 9
12	2011	4.366 1	1 353.504 4	46.550 5	14 430.662 9
13	2012	4.334 2	1 343.587 5	44.884 9	13 914.317 3
14	2013	4.317 1	1 338.298 8	44.867 7	13 908.986 9
15	2014	4.459 6	1 382.473 9	44.816 9	13 893.240 1
16	2015	4.210 6	1 305.274 6	46.340 0	14 365.408 1
17	2016	4.515 5	1 399.793 6	47.260 7	14 650.822 3
18	2017	4.265 8	1 322.389 5	46.954 7	14 555.963 6
合计		67.616 4	20 961.076 0	907.917 9	281 454.586 2

表 3-22　马和鸭粪便管理 N_2O 排放

序号	年份	马粪便管理 N_2O 排放		鸭粪便管理 N_2O 排放	
		排放量/10^3 t	排放量/10^3 tCO_2 当量	排放量/10^3 t	排放量/10^3 tCO_2 当量
1	2000	0.140 0	43.391 2	2.154 6	667.920 6
2	2001	0.137 7	42.671 5	2.239 5	694.234 0
3	2002	0.129 7	40.209 2	2.417 3	749.358 8
4	2003	0.127 0	39.372 2	2.325 7	720.972 1
5	2004	0.124 1	38.457 2	2.501 8	775.569 5
6	2005	0.120 0	37.187 3	2.571 1	797.031 0
7	2006	0.116 2	36.022 5	2.613 3	810.133 6
8	2007	0.113 0	35.027 1	2.437 7	755.699 9
9	2008	0.110 4	34.213 8	2.610 6	809.294 0
10	2009	0.107 1	33.206 4	2.642 9	819.313 4
11	2010	0.106 6	33.031 2	2.805 5	869.691 1
12	2011	0.106 3	32.962 5	2.381 6	738.298 9
13	2012	0.105 4	32.661 3	2.487 1	770.997 1
14	2013	0.099 5	30.840 4	2.446 4	758.393 4
15	2014	0.094 7	29.344 4	2.342 3	726.111 1
16	2015	0.094 9	29.421 8	2.428 3	752.758 5
17	2016	0.092 8	28.765 4	2.603 8	807.164 6
18	2017	0.086 5	26.813 8	2.551 1	790.846 9
合计		2.011 9	623.599 2	44.560 6	13 813.788 5

表 3-23 鸡粪便管理 N_2O 排放

序号	年份	肉鸡粪便管理 N_2O 排放		产蛋鸡粪便管理 N_2O 排放	
		排放量/10^3 t	排放量/10^3 tCO_2 当量	排放量/10^3 t	排放量/10^3 tCO_2 当量
1	2000	2.633 0	816.221 9	4.478 6	1 388.376 3
2	2001	2.815 3	872.735 7	4.546 6	1 409.447 3
3	2002	3.215 5	996.798 9	4.714 1	1 461.368 2
4	2003	3.026 1	938.081 8	4.721 9	1 463.795 0
5	2004	3.235 4	1 002.964 9	4.952 9	1 535.401 8
6	2005	3.439 4	1 066.222 6	5.183 6	1 606.910 7
7	2006	3.340 0	1 035.387 9	5.347 2	1 657.645 7
8	2007	3.618	1 121.573 4	5.535 2	1 715.910 7
9	2008	3.957 1	1 226.701 1	5.769 1	1 788.433 7
10	2009	4.178 5	1 295.326 3	5.884 0	1 824.041 4
11	2010	4.262 2	1 321.278 5	5.946 0	1 843.252 0
12	2011	3.313 4	1 027.143 1	5.988 0	1 856.269 8
13	2012	3.515 9	1 089.917 0	6.162 9	1 910.513 2
14	2013	3.342 5	1 036.162 5	6.232 7	1 932.127 1
15	2014	2.948 1	913.926 3	6.350 7	1 968.726 1
16	2015	2.680 5	830.968 2	6.908 8	2 141.735 3
17	2016	3.156 8	978.606 8	6.999 4	2 169.828 9
18	2017	2.831 8	877.866 9	7.315 8	2 267.894 7
合计		59.509 5	18 447.883 8	103.037 5	31 941.677 9
总计		CH_4 总量	162.547	折 CO_2 总量	50 389.561 7

表 3-24 山羊和绵羊粪便管理 N_2O 排放

序号	年份	山羊粪便管理 N_2O 排放		绵羊粪便管理 N_2O 排放	
		排放量/10^3 t	排放量/10^3 tCO_2 当量	排放量/10^3 t	排放量/10^3 tCO_2 当量
1	2000	0.875 0	271.265 1	2.093 8	649.080 4
2	2001	0.882 5	273.570 8	2.076 7	643.788 1
3	2002	0.859 7	266.505 2	2.086 4	646.768 7
4	2003	0.876 1	271.585 1	2.140 2	663.449 4
5	2004	0.883 6	273.915 3	2.290 3	709.980 9
6	2005	0.897 1	278.099 6	2.432 6	754.096 3
7	2006	0.865 5	268.305 0	2.417 1	749.303 5
8	2007	0.812 9	251.993 9	2.332 2	722.967 9
9	2008	0.846 3	262.343 9	2.272 5	704.470 2
10	2009	0.898 7	278.611 0	2.053 3	636.514 8
11	2010	0.888 2	275.338 9	2.140 5	663.568 2
12	2011	0.838 3	259.876 3	2.217 5	687.428 1
13	2012	0.842 4	261.135 0	2.229 9	691.267 8
14	2013	0.834 1	258.569 5	2.294 8	711.391 2
15	2014	0.828 1	256.701 7	2.396	742.769 0
16	2015	0.853 5	264.577 3	2.531 4	784.719 7
17	2016	0.878 7	272.384 8	2.588 4	802.407 8
18	2017	0.824 6	255.622 3	2.577	798.884
合计		15.485 3	4 800.400 7	41.170 6	12 762.856 0

表 3-25 猪粪便管理 N_2O 排放

序号	年份	排放量/10^3 t	排放量/10^3 tCO_2当量	序号	年份	排放量/10^3 t	排放量/10^3 tCO_2当量
1	2000	38.832 9	12 038.188 5	11	2010	42.137 4	13 062.598 6
2	2001	37.519 5	11 631.048 8	12	2011	41.668 6	12 917.259 1
3	2002	37.769 3	11 708.494 4	13	2012	42.031 9	13 029.900 7
4	2003	37.580 1	11 649.836 2	14	2013	42.654 4	13 222.849 3
5	2004	37.229 4	11 541.109 9	15	2014	42.476 8	13 167.805 7
6	2005	37.888 6	11 745.476 6	16	2015	41.720 7	12 933.419 0
7	2006	38.977 9	12 083.151 7	17	2016	40.413 3	12 528.129 5
8	2007	37.665 2	11 676.212 7	18	2017	38.985 9	12 085.618 4
9	2008	39.518 2	12 250.630 7	合计		716.609 5	222 148.935 1
10	2009	41.539 4	12 877.205 3				

2000—2017 年粪便管理 N_2O 排放总体情况如表 3-26 所示。

表 3-26 粪便管理 N_2O 总排放情况

序号	年份	排放量/10^3 t	排放量/10^3 tCO_2当量	序号	年份	排放量/10^3 t	排放量/10^3 tCO_2当量
1	2000	133.413 2	41 358.083 2	11	2010	125.205 5	38 813.704 7
2	2001	130.123 0	40 338.112 3	12	2011	122.812 6	38 071.906 3
3	2002	127.275 4	39 455.383 0	13	2012	121.954 6	37 805.901 1
4	2003	124.923 1	38 726.141 0	14	2013	122.387 4	37 940.063 6
5	2004	123.843 0	38 391.306 7	15	2014	122.073 7	37 842.870 5
6	2005	123.195 2	38 190.475 9	16	2015	123.335 9	38 234.116 4
7	2006	122.362 5	37 932.378 0	17	2016	124.167 7	38 491.951 4
8	2007	117.644 0	36 469.607 0	18	2017	121.835 3	37 768.973 2
9	2008	121.145 7	37 555.149 1	合计		2 230.981 4	691 604.068 5
10	2009	123.283 6	38 217.945 1				

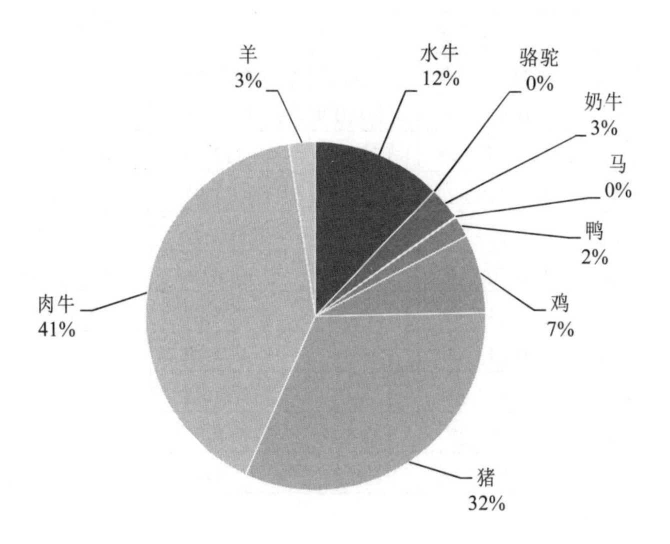

图 3-15　粪便管理 N_2O 排放占比

3.3.3.4　养殖业非 CO_2 温室气体排放汇总

表 3-27　历年养殖业非 CO_2 温室气体排放情况

序号	年份	肠道发酵与粪便管理				粪便管理 CH_4 与 N_2O 总排放量/10^3 tCO_2 当量	养殖业总排放量/10^3 tCO_2 当量
		总 CH_4 排放量/10^3 t	总 CH_4 排放量/10^3 tCO_2 当量	总 N_2O 排放量/10^3 t	总 N_2O 排放量/10^3 tCO_2 当量		
1	2000	8 732.37	183 379.67	133.41	41 358.08	63 626.14	224 737.75
2	2001	8 546.73	179 481.28	130.12	40 338.11	62 033.95	219 819.40
3	2002	8 295.47	174 204.88	127.28	39 455.38	61 312.68	213 660.26
4	2003	8 239.04	173 019.91	124.92	38 726.14	60 611.77	211 746.05
5	2004	8 280.86	173 898.04	123.84	38 391.31	60 518.58	212 289.35
6	2005	8 320.50	174 730.48	123.20	38 190.48	60 987.82	212 920.96
7	2006	8 229.46	172 818.58	122.36	37 932.38	61 348.52	210 750.95
8	2007	7 889.95	165 688.87	117.64	36 469.61	59 266.34	202 158.48
9	2008	7 997.90	167 956.00	121.15	37 555.15	61 179.37	205 511.15
10	2009	8 002.29	168 048.09	123.28	38 217.95	62 695.35	206 266.03

序号	年份	肠道发酵与粪便管理				粪便管理 CH_4 与 N_2O 总排放量/10^3 tCO_2 当量	养殖业总排放量/10^3 tCO_2 当量
		总 CH_4 排放量/10^3 t	总 CH_4 排放量/10^3 tCO_2 当量	总 N_2O 排放量/10^3 t	总 N_2O 排放量/10^3 tCO_2 当量		
11	2010	8 113.74	170 388.60	125.21	38 813.70	63 623.69	209 202.30
12	2011	8 026.17	168 549.52	122.81	38 071.91	62 486.32	206 621.43
13	2012	7 914.02	166 194.37	121.95	37 805.90	62 360.90	204 000.27
14	2013	7 928.96	166 508.06	122.39	37 940.06	62 711.68	204 448.12
15	2014	7 982.74	167 637.56	122.07	37 842.87	62 559.51	205 480.43
16	2015	8 106.84	170 243.64	123.34	38 234.12	62 583.50	208 477.76
17	2016	8 265.08	173 566.74	124.17	38 491.95	62 570.05	212 058.69
18	2017	8 090.06	169 891.27	121.84	37 768.97	61 035.30	207 660.25
合计		146 962.17	3 086 205.56	2 230.98	691 604.07	1 113 511.44	3 777 809.63

图 3-16 显示了我国 2000—2017 年养殖非 CO_2 温室气体排放情况。可以看出，2000—2003 年我国养殖业非 CO_2 温室气体排放有一个明显的下降，并持续到 2006 年，产生了一个平台期，至 2007 年左右再一次产生了下降，并触底；2007—2010 年又有小幅上升，之后到 2012 年又有小幅下降；2012—2016 年，又出现反弹，但没有回到 2000 年的峰值，而是保持在 2005 年左右的水平。

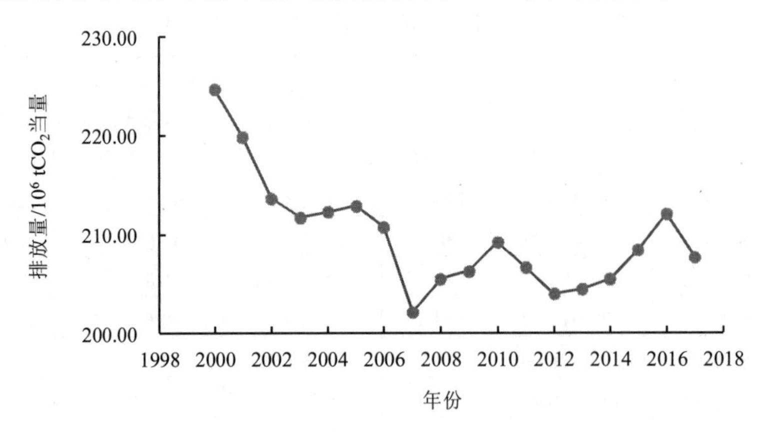

图 3-16 2000—2017 年中国养殖业非 CO_2 温室气体排放情况

第 4 章　种养殖业温室气体排放 MRV 现状及实践

4.1　MRV 内涵及要求

4.1.1　MRV 内涵及定义

《联合国气候变化框架公约》(以下简称《公约》) 第四条和第十二条对缔约方提出了温室气体源和汇的报告履行信息的原则性要求，第十条建立了附属履行机构（Subsidiary Body for Implementation，SBI）对附件一缔约方报告的信息进行审评的机制（UNFCCC，1992）。自第一次缔约方会议以来，陆续通过了一系列缔约方会议决议，《公约》下 MRV 的要求也在不断演化，尤其是在“巴厘路线图”谈判授权下，确立了《公约》下测量、报告、核查的具体规则。

MRV 主要包括测量、报告和核查 3 个要素。其中，“M”（Monitoring）代表“测量”，主要针对温室气体减排和增汇水平、减排行动的实施进展、提供和收到的资金支持等；“R”（Reporting）代表“报告”，是指在《公约》要求下报告透明、完整的温室气体排放量及减排行动信息；“V”（Verification）代表“核查”，在《公约》语境下特指专家审评、第三方核查等。在国内层面，MRV 是对某项政策行动目标的测量、报告和核查，尤其是发展中国家的适当减缓行动（Nationally Appropriate Mitigation Actions，NAMAs）。

目前在国际层面，还没有统一的 MRV 指南或方法学。根据国际通用规则，

MRV包括体制机制安排、规章制度以及各层面的技术和行业规范，以确保减缓行动效果和温室气体排放数据质量。《公约》清单报告指南中包括透明度、一致性、可比性、完整性和准确性等要求。MRV可包含国家清单、政策行动、企业和项目3个层面的工作（如表4-1所示）。

表4-1 不同层面种养殖业MRV示例

主体	国家清单层面	政策行动层面	企业层面	项目层面
发达国家	清单编制及报告，接受国际专家审评； 种养殖业统计基础数据	全经济范围量化目标报告，国家自主贡献（NDC）进展	企业直报数据	澳大利亚碳农业倡议项目 MRV方法学
FAO	帮助发展中国家编制清单，建立清单数据库	为发展中国家开发NAMAs量化方法学		全球支持项目下开发的方法学
我国现状	清单编制及报告，接受国际专家分析； 种养殖业统计基础数据	国家自主贡献中种养殖业相关目标和行动	正在出台国家标准	中国核证减排量（CCER）方法学

4.1.2 《公约》现行透明度体系要求

《公约》对发达国家和发展中国家有不同规则。其中，发达国家需要每年提交国家清单，而发展中国家则只需通过国家信息通报（NC）和两年更新报告（BUR）提交清单。每个国家都需要每4年提交一次国家信息通报，包括减缓行动、脆弱性和适应性以及提供或收到的支持等，发展中国家提交报告需要从发达国家处获得支持。国家信息通报的报告指南也进行过更新，以便纳入发达国家和发展中国家在执行《公约》方面更好的知识和实践或经验。所有发达国家提交的报告都要经过国际专家审评，其审评指南也根据报告指南进行了更新。

其中，在清单方面，《公约》要求所有缔约方采用缔约方大会议定的可比方法，定期编制并提交《蒙特利尔议定书》未予管制的所有温室气体人为源排放量和汇吸收量的国家清单，并授权IPCC出版技术指南。为了各缔约方提交准确、透明、可比、一致和完整的国家清单，IPCC发布了多个版本的国家温室气体清单指南。

目前，附件一国家采用《2006 年 IPCC 国家温室气体清单指南》(以下简称《2006 年指南》)，非附件一国家采用《IPCC 国家温室气体清单（1996 年修订版）》(以下简称《1996 年指南》)。《1996 年指南》把国家温室气体清单分为能源活动、工业生产过程、农业活动、土地利用变化和林业以及废弃物处理 5 个领域。《2006 年指南》把国家温室气体清单分为能源活动，工业生产过程和产品利用，农业、林业和土地利用变化，以及废弃物处理 4 个领域。《1996 年指南》和《2006 年指南》均包含稻田 CH_4 排放，农用地 N_2O 排放，动物肠道发酵 CH_4 排放，以及动物粪便管理 CH_4 和 N_2O 排放等内容，为全球种养殖业非 CO_2 温室气体排放量化奠定了技术基础。迄今，所有附件一国家均提交了 1990—2018 年国家温室气体清单，绝大多数非附件一国家通过国家信息通报和两年更新报告提交国家温室气体清单。这些清单是国际社会评估相关国家履约进展的第一手资料。

“巴厘行动计划”下又进一步形成了新的报告规则，旨在加强各方气候行动透明度（如表 4-2 所示）(UNFCCC，2007)。发达国家与发展中国家有类似的报告和审评程序，但采用不同的指南和要求。对发达国家来说，报告过程包括国家清单报告、双年报和国家信息通报，除了国家清单报告和信息通报继续接受《公约》下的审评外，双年报还应经过国际评估与审评，包括国际专家组的审评和缔约方的多边评议（Multilateral Assessment)。如果是《京都议定书》缔约方，还应根据《京都议定书》的规定进行报告，并与《公约》报告和审评平行进行。对发展中国家来说，报告过程只包括信息通报和两年更新报告，温室气体清单为两年更新报告或信息通报的一部分。只有两年更新报告才需要进行国际磋商与分析过程，其中包括国际专家组的技术分析和缔约方的促进性信息分享（Facilitative Sharing Views)。农业活动作为国家温室气体清单五大部门之一，需遵循 IPCC 定期发布的温室气体清单编制指南，其中种养殖业非 CO_2 温室气体排放主要包括稻田 CH_4 排放、农用地 N_2O 排放、动物肠道发酵 CH_4 排放以及动物粪便管理 CH_4 和 N_2O 排放等。

表 4-2 《公约》现行透明度规则指南一览

工作类型		发达国家	发展中国家
报告	国家清单	3/CP.5，18/CP.8，24/CP.19	无
	国家信息通报	A/AC.237/55，9/CP.2，4/CP.5	10/CP.2，17/CP.8
	双年报/两年更新报告	双年报：1/CP.16，2/CP.17，19/CP.18，9/CP.21	两年更新报告：1/CP.16，2/CP.17
	《京都议定书》下补充信息	15/CMP.1	/
审评	国家清单	6/CP.5，19/CP.8，13/CP.20	/
	国家信息通报	2/CP.1，23/CP.19，13/CP.20	/
	IAR/ICA	IAR：2/CP.17，13/CP.20	ICA：2/CP.17
	《京都议定书》下补充信息	22/CMP.1	/

注：①下划线代表现行的指南；②IAR——国际评估与审评；ICA——国际磋商与分析。

4.1.3 《巴黎协定》后续实施细则新要求

2018 年年底，各方在卡托维兹完成《巴黎协定》后续实施细则谈判，就《巴黎协定》增强透明度框架的模式、程序和指南达成共识（UNFCCC，2018）。缔约方会议决定明确要求包括我国在内的所有国家不晚于 2024 年提交第一次透明度双年报，随后每两年提交一次，内容包括年度温室气体清单、国家自主贡献进展追踪、气候变化适应、提供和收到的支持信息等内容，并需接受国际专家审评和促进性多边审议。在报告要求方面，温室气体清单部分相比现有要求有明显增强，包括所有领域全部使用《2006 年指南》，清单年份至少应在 3 年之内（如 2024 年提交的报告应包含至少 2020 年、2021 年两年的清单数据），且自 2021 年起要求提交连续的年度清单并对基准年进行回算，以确保国家自主贡献基准年和实施期间的清单方法学和结果可比。在自主贡献追踪进展方面，除需提供碳强度下降情况以及主要参数一览表外，还需以表格形式报告主要的政策措施实施情况及效果。适应行动以及提供和收到的支持虽不属于强制报告，但其指南的详细程度相比以往国家信息通报和两年更新报告指南也有较大提高，对我国现行报告机制安排提出一定挑战。

新规则对发展中国家温室气体清单的报告要求显著增强，具体包括以下几个方面：一是我国采用的温室气体清单指南应全面遵循《IPCC2006 年指南》的方法学以编制温室气体清单（目前我国采用的方法学以《1996 年指南》为主，部分排放源采用了《2006 年指南》方法及缺省值）。二是每两年提交的履约报告中需包括连续的年度温室气体清单数据，且清单最新年份不能早于提交年前 3 年（即 2024 年提交的报告应涵盖 2020—2021 年清单数据，2026 年提交的报告应涵盖 2020—2023 年清单数据）。三是应确保 2020 年后年度清单与自主贡献基准年清单数据可比，对我国意味着需对 2005 年清单进行回算。四是强化了清单关键源分析、不确定性分析、完整性分析等报告要求，并鼓励发展中国家报告包括 NF_3 在内的所有温室气体和 CO、NO_x 等前体物排放信息。

4.2　国际种养殖业温室气体 MRV 经验

4.2.1　温室气体清单编制

根据《公约》第四条第 1 款和第十二条，所有缔约方都要报告其履行《公约》活动的情况和国家清单报告（United Nations，1992）。1995 年，《公约》第一次缔约方大会 3 号决议中明确附件一国家应每年提交温室气体排放清单。1998 年的第 4 次缔约方大会上提出对国家温室气体清单审评的要求，并在次年的缔约方大会上通过了国家温室气体清单审评指南。此后，随着报告要求的提高，审评指南又经过数轮更新，2014 年通过了最新的发达国家温室气体清单审评指南。

经过 20 余年的探索与实践，发达国家根据自己的国情均已建立了一套与本国实际情况相适应的清单编制和国家报告工作机制，大部分发达国家通过立法或政府间书面协议确定权责义务，并委派专人负责数据收集和报告撰写工作，真正实现了清单编制和国家报告的机制化和常态化，能够较好地应对国际社会的报告和审评要求。在工作机制方面主要分为两类（马翠梅等，2017），一类是政府机构直接完成排放或吸收计算，清单编制方法研究、排放因子的更新等理论性或研究性较强的工作则委托给在相关领域有深入研究经验的高校或研究机构；另一类是由研究机构直接负责编制，成立专门的国家温室气体清单办公室，全职从事年度清单编制工作。

由于清单编制是一项技术性较强的工作，涉及领域广泛、方法复杂、数据量庞大，既需要政府部门参与以提供基础统计数据，又需要研究机构、高校等的智力投入以开展方法学研究，以下主要围绕清单编制安排阐述发达国家相关经验。

4.2.1.1 基础数据收集

（1）澳大利亚

牲畜数量和作物生产信息来源于澳大利亚统计局以及行业协会提供的数据，ABS 会在每年 6 月 30 日进行农业普查。澳大利亚清单中采用的种养殖业排放相关数据信息可下载（如图 4-1 所示）（Department of the Environment and Energy of Australia，2019）。

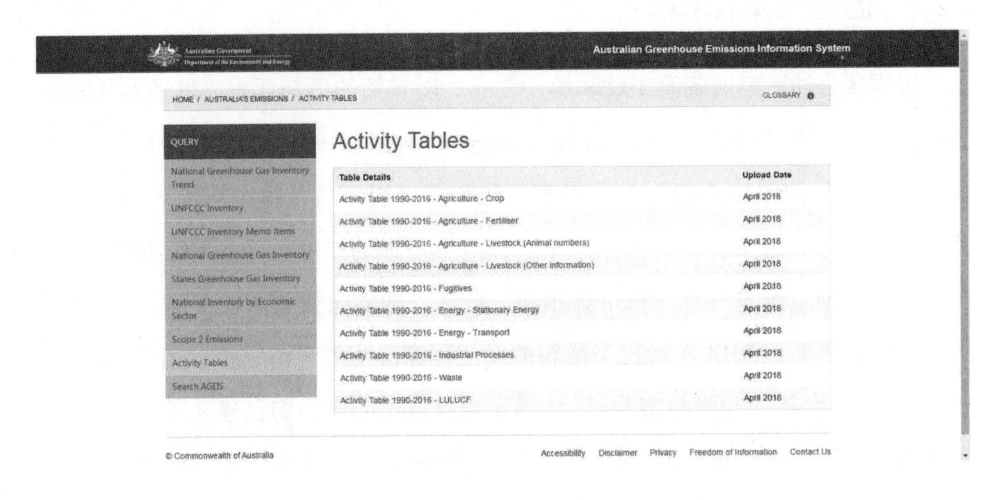

图 4-1 澳大利亚温室气体清单种养殖业排放活动水平数据

来源：http://ageis.climatechange.gov.au/QueryAppendixTable.aspx.

牲畜数量：对于每季度商业家禽机构的调查可获取鸡肉的屠宰、肉类生产和生产性固定资产总值数据；活羊、活牛、新鲜、冷冻和处理过的肉类出口数据由海关提供；自2011年9月起，牲畜屠宰数据由屠宰场提供，每个月都需要上传数据，详细的牲畜屠宰和红肉生产情况会按月度公布在澳大利亚牲畜和肉类部网站上。

数据的精确度：自1997年7月起，之前的“公牛和阉牛”被细化成了两个不同的报送类别——“公牛”和“阉牛”，以便更精确地提供存栏量。大多数的调查对象可直接利用公司的记录对调查的信息进行上报，但也有信息不全的情况，在这种情况下，统计局就会用预测的手段补全报送数据。例如，小型的养殖场如果只报送了牲畜出栏量的合计数量，则会根据历史经验比重对不同的牲畜出栏量进行预测，或是小型的屠宰场没有记录单只牲畜的重量，那么肉品的产出量会由屠宰牲畜重量的平均值或缺省值进行推测。需要进行推测的数据不会超过总数的4%。另外，强化跟踪机制使得每个月都会利用下一月度的新报送数据对上一月度推测数据进行比对和修订。

数据上报的时间周期：牲畜屠宰数量和红肉生产可精确到月度和季度，月度信息在报告覆盖时间的5周后发布，季度信息在报告覆盖时间的6周后发布。大部分的数据即使是统计周期不同，也具有可比性。

作物生产：针对农作物生产信息，澳大利亚统计局在行业协会的支持下，同注册在澳大利亚统计局商业登记（Australian Bureau of Statistics Business Register）的农场主收集年度生产数据信息。为了尽可能地在不增加企业报送数据负担的前提下，获取对于管理和政策制定有价值的基础数据，统计局每年都会结合公众反馈意见，对调查表进行修订。以2019年为例，收集的作物生产信息主要针对麦子、土豆、燕麦、油菜、棉花、胡萝卜、高粱等品种。

（2）新西兰

尽管新西兰的温室气体排放清单是由环境部主管的工作任务，但农业清单部分交由第一产业部具体编制。农业相关数据通过五年一度的农业普查报送，中间年份由统计局农业调查统计提供，有一套较为完整的数据上报体系。

第一产业部与统计局农业数据收集团队和新西兰国内的大型种养殖场保持着密切的联系，这确保了农业清单部分活动水平数据的边界一致性和准确性，同时统计局农业数据收集团队会根据第一产业部门种类和概念的变化及时调整数据的收集口径。

新上报的活动水平数据会交由商业分析师和经济模型师进行数据一致性和时效性的检验分析。同时，第一产业部也委托研究机构开展对活动水平数据的校验，将统计局农业数据收集团队与农业科研生产数据库基金会的基础数据进行比对和校验。

质量保证与质量控制：编制清单时，活动水平数据的录入和校对情况会记录在数据校对表中，负责录入的工作人员需要签字确认，再度确认数据精准性和完整性的工作人员不能是录入数据团队的工作人员。同时新西兰的数据上报遵循着一套严密的体系。清单编制完成后，如果发现数据上报有误，则相关的工作人员将会被告知，同时会评估此错误导致的对排放量计算准确性的影响（如图 4-2 所示）（Ministry for the Environment of New Zealand，2019）。

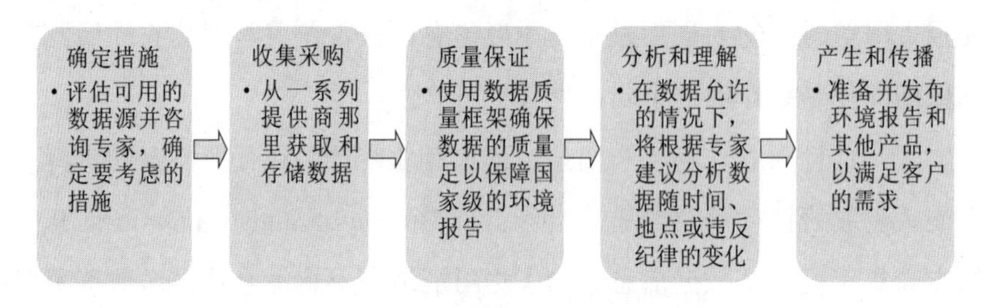

图 4-2 新西兰质量保证与质量控制流程

（3）联合国粮食及农业组织（FAO）

FAO 汇总各国农业及林业的活动水平数据和清单数据。FAO 基于各国的活动水平数据计算其排放量，开发了横向比较排放因子的功能，同时还开发了质量保证与质量控制的功能。在政策行动层面，FAO 围绕发展中国家适当减缓行动和国家自主贡献，就政策行动效果分析开发基准线并提供减排量核算方法选项（如图 4-3 所示）。

FAOSTAT

Data | Country Indicators | Compare Data | Definitions and Standards | FAQ

Agriculture Total

DOWNLOAD DATA VISUALIZE DATA METADATA

COUNTRIES REGIONS SPECIAL GROUPS

Filter results e.g. afghanistan

Armenia
Aruba
Australia
Austria
Azerbaijan
Bahamas
Bahrain

Select All Clear All

ELEMENTS

Filter results e.g. emissions (co2eq)

Emissions (CO2eq)
Emissions (CO2eq) from CH4
Emissions (CO2eq) from N2O

Select All Clear All

ITEMS ITEMS AGGREGATED

Filter results e.g. enteric fermentation

Enteric Fermentation

YEARS YEAR PROJECTIONS

Filter results e.g. 2016

2016

Show Data

Area Code	Area	Element Code	Element	Item Code	Item	Year Code	Year	Unit	Value	Flag	Flag Description
2	Afghanistan	7231	Emissions (CO2eq)	5062	Manure applied to Soils	2016	2016	gigagrams	494.9975	A	Aggregate, may include official, semi-official, estimated or calculated data
3	Albania	7231	Emissions (CO2eq)	5062	Manure applied to Soils	2016	2016	gigagrams	240.4772	A	Aggregate, may include official, semi-official, estimated or calculated data
4	Algeria	7231	Emissions (CO2eq)	5062	Manure applied to Soils	2016	2016	gigagrams	173.6315	A	Aggregate, may include official, semi-official, estimated or calculated data
5	American Samoa	7231	Emissions (CO2eq)	5062	Manure applied to Soils	2016	2016	gigagrams	0.5612	A	Aggregate, may include official, semi-official, estimated or calculated data

图 4-3 FAO 农业排放数据查询及结果界面

4.2.1.2 方法学

由于统计数据收集机制相对完善，大部分发达国家采用 IPCC 的 T2 或 T3 方法开展种养殖业温室气体清单编制工作，即采用本地排放因子或模型法进行排放量估算。以澳大利亚清单编制为例，澳大利亚清单采用“自下而上”方法，先计算州一级的清单，再加总得到国家级清单。如前文所述，澳大利亚种养殖业清单数据来自澳大利亚统计局和行业协会，目前还未建立企业直接报告体系。由于种养殖业数据相对较为分散，澳大利亚也采用专家评估的方式确定一些国别数据。澳大利亚农业清单方法学如表 4-3 所示。

表 4-3 澳大利亚农业清单方法学一览

温室气体排放源和汇	CH_4		N_2O	
	方法学	排放因子	方法学	排放因子
1. 动物肠道发酵				
（1）牛	T2	国别因子		
（2）羊	T2	国别因子		
（3）猪	T2	国别因子		
（4）其他	T1	IPCC 缺省值		
2. 动物粪便管理				
（1）牛				
a. 奶牛	T2	IPCC 缺省值/国别因子	T2	国别因子
b. 肉牛-放牧	T2	国别因子	T2	IPCC 缺省值
c. 肉牛-养殖场	T3	IPCC 缺省值/国别因子	T3	IPCC 缺省值
（2）羊	T2	国别因子	T2	IPCC 缺省值
（3）猪	T3	IPCC 缺省值/国别因子	T3	IPCC 缺省值
（4）其他	T2/T3	IPCC 缺省值/国别因子	T1/T3	IPCC 缺省值
（5）间接排放			T2	IPCC 缺省值/国别因子
3. 稻田 CH_4	T1	IPCC 缺省值		
4. 农田管理				
（1）直接排放			T2	国别因子
（2）间接排放			T1/T2	IPCC 缺省值/国别因子

英国肠道发酵清单需要的详细畜牲数据来自每年 6 月的农业普查数据。动物数量来自 4 个地区的年度统计数据。清单中的奶牛和肉牛采用 T2 方法，其中奶牛的消化率数据采用国别因子，英国有专门的调研以确定奶牛的饮料摄入量。在粪便管理方面，英国采用 T2 方法和 IPCC 缺省因子进行计算，部分国别因子则采用专项调研和文献数据，以及近年的“农场实践调研”数据结果。在土地管理的 N_2O 直接排放和间接排放方面，主要采用 T1 方法和 IPCC 缺省值（Department of Energy and Climate Change of UK，2019）。

4.2.1.3　机制安排

（1）澳大利亚

按照《公约》要求，澳大利亚指定其环境部作为单一实体，负责所有活动水平数据的收集、排放估算、质量保证、清单报送和存档等工作。

澳大利亚于 2004 年开始采用清单数据库系统编制国家温室气体清单。澳大利亚有两套软件系统支撑其国家清单编制，分别为澳大利亚温室气体排放信息系统（Australian Greenhouse Emissions Information System，AGEIS）和全碳核算模型（Full Carbon Accounting Model，FullCAM）。其中，AGEIS 用于能源活动、工业生产过程、废弃物和农业领域清单编制，软件中内嵌了澳大利亚的清单编制方法，输入数据后可得到排放量估算结果；另外，软件还集成了质量控制程序、归档计算结果以及通过 UNFCCC 通用报告格式（Common Reporting Format，CRF）报告软件将数据传送到 UNFCCC。FullCAM 用于土地利用、土地利用变化和林业部门，该模型使用卫星影像处理后的数据，以及其他土地管理、气候和土壤方面的输入数据，并应用生态系统模型来估算大气和不同土壤碳汇间的 CO_2 流。FullCAM 的估算结果被导入 AGEIS 中，生成国家清单报告中的年度总清单。澳大利亚清单编制流程如图 4-4 所示。

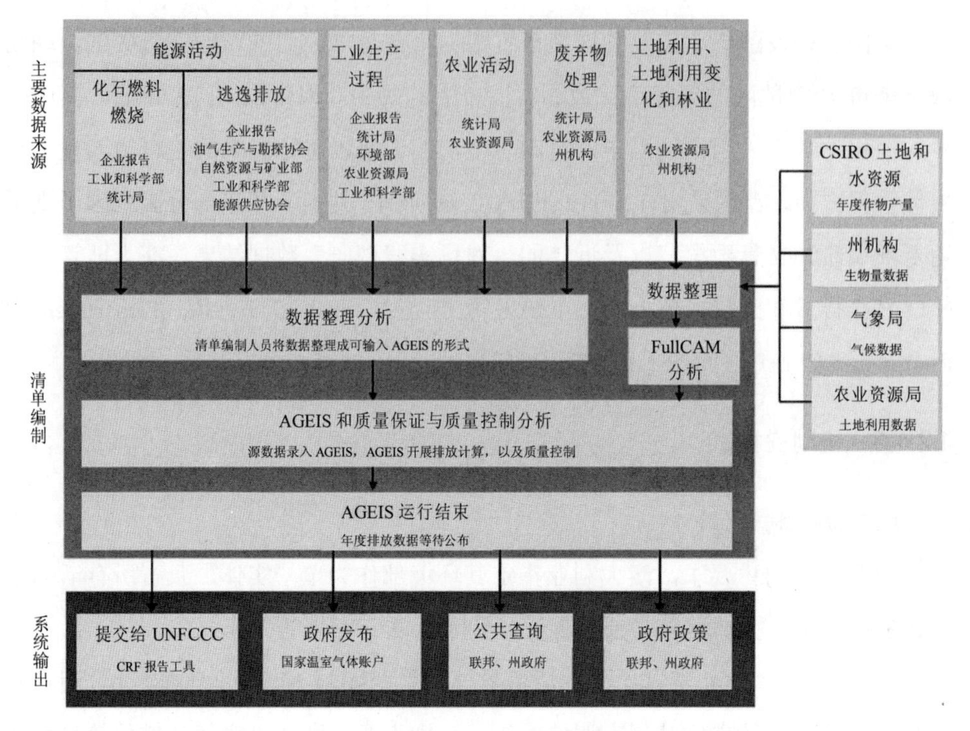

图 4-4 澳大利亚清单编制流程

（2）美国

美国环境保护局（Environmental Protection Agency United States，USEPA）采用分散式方法编制年度国家温室气体清单，清单编制不采用集中排放估算和数据管理系统。相对应地，USEPA 各部门清单负责人管理每个源类别的计算，包括协调政府机构、私人公司以及学术机构。通过采用分散式排放估算方法，USEPA 部门清单负责人可以开发满足其计算需求的单个数据管理系统。另外，USEPA 部门清单负责人与其同行通力合作来确定方法学、协调数据来源、改进管理、起草清单报告章节，以及开展质量控制和质量保证程序。

当 USEPA 部门清单负责人将数据收集和排放计算完成之后，USEPA 清单组负责人加总排放量，准备清单报告、CRF 表格，以及准备提交给 UNFCCC 的正式材料。排放量计算结果将被编辑进“排放量数据管理系统”（国家温室气体数据系统）。该系统基于 Oracle 数据库，存储信息包括参考数据表格、原始排放数据和数据库视图，用于通过 XML、Excel 或 Access 查询国家温室气体数据系统的数据。当前USEPA正在开发采用JSON的输出选项来创建一个公共数据界面。USEPA采用分散的数据收集和计算方式的同时，其国家温室气体数据系统提供了一个存储美国排放数据以及允许公众查询数据的可靠平台（USEPA，2019）。

（3）英国

英国的温室气体清单产品众多，可分为国家级、地区级、地方行政区级以及城市级，其中前三类清单由清单编制机构统一编制，用于履行国际义务、制定国内政策、分析减排效果以及管控重点排放源，最后一类清单则由市政府编制，用于满足其特定的需求。

一是编制年度国家温室气体清单，履行《公约》义务并支撑国内碳预算政策制定。按照《公约》相关决议规定，附件一国家应在每年 4 月 15 日前向《公约》秘书处提交本国清单，提交文件一般包括国家清单报告（National Inventory Report，NIR）、从基准年到报告年的通用报告表格（CRF）和标准电子表格（Standard Electronic Format，SEF）。英国国家温室气体排放清单遵循 IPCC 国家温室气体清单指南中提出的方法学进行编制，IPCC 方法学主要是根据排放源计算排放量，简称排放源法。由于 CRF 报告软件更新，英国于 2015 年 10 月 30 日提交了相关文件，包括 1990—2013 年国家温室气体清单。包含种养殖业的国家清单对了解、评估和分析此行业的现状、政策有效性和未来趋势判断是十分重要的。

国家温室气体清单同时也支撑英国国内碳预算政策制定。碳预算制度是英国政府依据本土排放现状及未来可能的排放趋势，结合长期减排目标及欧盟履约要求评估，参考英国气候变化委员会的建议，在征求 4 个地区管理当局意见的基础上提出的，并经议会讨论确定。2013 年，英国温室气体清单表明，英国本土排放量较基准年降低了 30%，距离 2020 年降低 34%的碳预算目标还差 4 个百分点，而本土年均减排率约为 1.5%。据此测算，2020 年排放量将比基准年降低 37%，完成 2020 年减排目标的前景比较乐观。随着我国未来把越来越多的温室气体纳入碳达峰管控范围，英国的这些经验对我国养殖业碳达峰分析和管理很有借鉴意义。

国家温室气体清单在报告方式上适应了部门分析的需求。为了更加全面反映和评估不同部门能源消费总量及结构对温室气体排放的影响，能源和气候变化部要求清单机构在编制排放源法国家清单的同时，也提交按终端用户法计算的分部门国家温室气体排放报表。终端用户法的部门分类方式与 IPCC 指南一致，只是将能源工业部门排放量根据终端用户电力等能源消费情况，分配至消费者所在部门。英国终端用户法采用迭代计算将全部能源工业部门排放分配到最终消费者所在部门，因此所分配的排放量不仅来自发电，也包括了公用热力、油气开采加工、固体燃料和其他能源工业等。与用排放源法计算得到的排放量相比，用终端用户法计算得到的排放量对一些部门而言变化较大。以 2013 年为例，来自能源工业部门的 1.9 亿 t 温室气体被分摊至其他相关部门，造成商业部门的温室气体排放量增幅达到 95%，这主要是由于商业部门用电量比较大。

地区温室气体清单主要用于评估减排政策与行动的效果。清单机构编制的地区级（Devolved Administration，DA）清单包括英格兰、苏格兰、威尔士、北爱尔兰 4 个地区。地区级温室气体清单编制对可比性和一致性要求较高，不但要考虑与国家清单的一致性，而且还要考虑地区间的可比性。英国地区清单与国家清单的主要数据的来源是相同的，这为两者的一致性提供了基本保证。某些数据仅有国家级而没有地区级时，清单编制机构采取“分配计算”方法把全国数据分配到上述 4 个地区，因此也做到了 4 个地区排放量之和等于全国排放总量。4 个地区的清单结果表明，2013 年，英格兰的排放量占英国总排放量的 77%左右，苏格兰、威尔士各占 9%，而北爱尔兰排放量仅占总排放量的 4%。英国的这些工作对我国的排放总量分解工作是有借鉴意义的。

4.2.2 企业排放核算

调查显示，可能仅有 2%的农场经营主了解他们的企业排放的气体和排放量。然而，企业或设施层面的 MRV 可以帮助企业测量其温室气体排放量，以及设定减少排放量的目标。这可以直接帮助企业降低能源与资源的消费成本，亲身参与应对气候变化减缓行动，以及在日渐生态环境友好化的市场中，提升企业的社会责任，以低碳化特色提升品牌知名度，进而增强竞争优势。由于许多的农产品购买方都倾向于了解供应商在生产过程中的碳足迹和生态环境表现，或是否被当地政府纳入碳交易市场，许多种养殖业企业都自发地对 MRV 建设进行探索。以下是英国、澳大利亚、新西兰和美国在种养殖业 MRV 体系建设方面的有益探索和进展情况的总结。

4.2.2.1 英国

英国种养殖业企业或设施层面的温室气体排放 MRV 体系的建立经历了一个时间较为充裕的过程，从最初的普及核实知识、不强制企业报送数据，到后来的常规化农场调查制度，MRV 体系得到不断健全完善。2009 年 9 月，英国环境、食品和农村事务部针对所有行业的大中小型企业，出版了《测量与报告温室气体排放指南》(Department for Environment，Food and Rural Affairs of United Kingdom，2009)，详细介绍了识别核算边界、确定温室气体排放源、获取活动水平数据、数据计算等步骤，政府鼓励企业主在官方网站、企业社会责任报告或是产品广告中披露温室气体排放量和减排量信息，但没有强制要求企业报送温室气体排放报告（The Secrectary of State，the UK，2010）。2011 年，发布了《公司温室气体报送——转换系数指南》，向各行业提供了本地化的参考排放因子。2012 年，还专门针对小型企业出台了《小型企业用户手册——测量与报告温室气体排放指南》。《2013 年公司行动条例 2006》对规模以上企业提出了强制的要求，规模以上企业必须在董事会年度报告中披露温室气体排放数据以及减排目标和行动（The Secrectary of State，the UK，2013）。2019 年 3 月，发布的《环境报告指南》替代了先前的 2009 年版《测量与报告温室气体排放指南》，将强制报送企业和自愿报送企业分作两个独立的章节，作为企业或设施层面测量和报送温室气体数据的核算指南。同时，在英国环境、食品和农村事务部网站的《环境报告指南》下载界面上列出了 14 家碳减排咨询公司，以作为企业雇佣第三方核查机构的参考。

英国的农业企业对减缓温室气体排放也开展了形式各异的 MRV 有益探索，对农业温室气体减排有较大的推动和促进作用。英格兰的温室气体行动计划把主要的农产品公司都吸引进来，互帮互助开展温室气体减排。

自 2012 年开始，英国国家统计局每年都对 50 头牛、100 头羊、100 头猪、1 000 只家禽以上的英格兰农场，或超过 20 hm^2 的英格兰耕地和果园发放自愿填写调查表，以了解温室气体减缓相关的行动。调查表共有 49 个问题，主要内容有养分管理、厌氧处理、控制温室气体排放、饲料转化率等，图 4-5 展示的就是根据 2019 年 2 月发放的统计表整理的温室气体排放减缓相关信息。发布的信息基于对收到的 2 100 份左右的调查表反馈进行的整理。

This release contains the results from the February 2019 Farm Practices Survey which focused on practices relating to greenhouse gas mitigation. The key results for 2019 are given below.

Nutrient management (Section 1)

58%
of holdings have a nutrient management plan.

Anaerobic digestion (Section 2)

5.2%
of farmers process waste by anaerobic digestion.

Emissions (Section 3)

61%
of farmers are currently taking action to reduce GHG emissions from their farm.

Fertiliser, manure and slurry spreaders (Section 4)

78%
of holdings spread manure or slurry on grass or arable land.

Manure and slurry storage (Section 5)

64%
of livestock farmers store solid manure in temporary heaps in fields.

Farm health planning and biosecurity (Section 6)

73%
of livestock farmers have a Farm Health Plan.

Grassland and grazing (Section 7)

75%
of livestock holdings sow some or all of their temporary grassland with a clover mix.

Livestock feeding regimes and breeding practices (Section 8)

71%
of holdings with livestock use a ration formulation programme or nutritional advice.

Enquiries on this publication to Steven Charlton, Farming Statistics, Department for Environment, Food and Rural Affairs. Tel: 03000 600 170 email: farming-statistics@defra.gov.uk.

图 4-5 英格兰农场温室气体管理调查情况概况

4.2.2.2　澳大利亚

澳大利亚的农业是整个国家经济发展的支柱产业，因此澳大利亚对低碳农业发展非常重视。澳大利亚政府先后在 2015 年和 2019 年设置了 25.5 亿澳元和 20 亿澳元的减排基金，为自愿参与的企业主提供参与减排和固碳的机会。自 2015 年以来，减排基金就是澳大利亚政府的重要减排政策，它运作的主要方式是政府通过购买成本最低的减排量和碳封存量，激励企业和土地经营者主动减少温室气体排放量和提高碳封存量。采用批准的减排基金方法的农场主可以通过保护濒临消失的植被、修复草场、重新造林、恢复牧场等方式，赚取澳大利亚碳信用（Australian Carbon Credit Units，ACCU），通过卖给政府或者二级市场，获得额外的收入。根据 2007 年生效的《国家温室气体和能源报告行动 2007》（*National Greenhouse and Energy Reporting Act 2007*），注册的公司有报告温室气体排放和能源消费量的义务。

由于涉及碳信用交易，MRV 显得尤为关键。为此，政府开发了碳减排前景选择和机遇计算器（Landscape Options and Opportunities for Carbon Abatement Calculator，LOOC-C）供初始计算和示范说明。对养殖业主而言，需要统计畜群中不同品种的牛的数量和活重、入栏和出栏日期以及饲料喂养的详细信息，可以从多种渠道收集这些记录并提供证明，如买卖发票、税收记录、农场记事簿等。输入相关活动水平数据，通过基金会提供的“畜群管理计算器”计算温室气体排放量。对种植业主而言，需要统计化肥施用量、粮食产量等信息，通过 FullCAM 模型进行温室气体排放量的计算。参与减排基金项目的种养殖业主需要每两年至少一次向清洁能源监管机构提交报告，提交的报告必须由注册在国家温室气体和能源报告（National Greenhouse and Energy Reporting）项目下的审核员进行评审。

4.2.2.3 新西兰

新西兰的种养殖业 MRV 体系建设处于逐步探索中。新西兰政府出资委托农业温室气体研究中心，专门为农场主制作了关于种养殖业和温室气体的科普视频（如图 4-6 所示）。首先是介绍了农业排放的主要温室气体，强调了新西兰农业排放的占比大，然后用通俗易懂的方式告诉农场主如何通过饲料的喂养量或投放量来估算种养殖业的 CH_4 及 N_2O 排放，最后介绍了低碳化饲养和种植带来的协同增效。

图 4-6 发布在新西兰农业温室气体研究中心网站的科普视频

同样地，在政府授权下，新西兰农业温室气体研究中心制作了专门的网页，名为"农场减排"，回答了"如何计算我的农场排放量""如何减少温室气体排放""有哪些减排措施""种树能抵消碳排放吗""为什么牧草不算碳汇""未来有哪些措施可以采用"等种养殖业主最为关注的问题。

计算农场种养殖活动产生的温室气体排放量是 MRV 体系的关键之一。新西兰农业温室气体研究中心为种养殖业主推荐测算温室气体排放量的小工具，可根据活动水平数据的详略程度选择适用的测算方法；同时还提供了两种碳强度类型，一个较为简单快捷，另一个较为复杂，但是计算结果也更为精准，以便农场主自我检验企业的低碳化水平，激励高碳的农场采取减排措施控制潜在成本。

计算温室气体排放量后，新西兰农业温室气体研究中心还提供了两种碳强度类型，以便农场主自我检验企业的低碳化水平。第一种是每公顷 CO_2 当量，国家奶牛场、肉牛场和羊场每公顷排放的温室气体分别是 11 tCO_2 当量/hm^2、3.1 tCO_2 当量/hm^2 和 3.1 tCO_2 当量/hm^2；第二种是基于产出的温室气体排放量，乳制品的平均碳强度是每千克奶 8.8 $kgCO_2$ 当量，范围在每千克奶 4.3～17.2 kg 之间，肉牛和羊的平均碳强度是每千克肉 16 $kgCO_2$ 当量，范围在每千克肉 3.8～33.7 $kgCO_2$ 当量之间。数据非常细致，激励农场主根据国家平均水平的情况，提高低碳化水平。

未来，在《农场环境计划》中可能需要加入温室气体排放量估计，内容包括可能的环境风险和具体到个体的风险管理措施，现阶段正在评估如果纳入温室气体排放量估计这一要素后，政府需要为农场主提供何种支持。

新西兰气候变化部部长表示，农业是新西兰的支柱产业之一，为了和中国在内的其他国家竞争，新西兰出台太过严厉的减排政策是不切实际的。新西兰农业部部长表示，政府和农业领域已经达成共识，都希望能够在农场层面就碳排放量进行计算，能够更好地把控农场的排放。

由新西兰政府于 2018 年授权成立的临时气候变化委员会一直在探索将种养殖业排放的 CH_4 和 N_2O 气体纳入碳排放交易系统，该委员会发布的《农业减排行动》报告中提出了一个特别的征税和退款计划，根据该计划，2025 年起，新西兰的农场主需要支付 5%的碳排放费用，2022 年起新西兰将逐步推行该计划，两年后即 2024 年要求农民报告碳排放量，2025 年起收费。同样地，临时气候变化委员会也建议农产品加工商、化肥生产商和进口商等农产品处理商通过碳交易市场缴纳相应的碳税，收集的资金将用于资助农场主购买碳排放测量工具。报告也提供了另一个选择，农产主可以通过本行业的相关机构，自行解决向碳排放缴费的过渡问题。

4.2.2.4 美国

《美国联邦温室气体核算和报告指南》提出联邦机构需要量化和报告的温室气体计算范围和相关方法。在《美国联邦温室气体核算和报告指南》中，联邦机构可自愿计算和报告其消费的与食物相关的动物肠道发酵和粪便管理的CH_4和N_2O排放以及化肥施用的土壤N_2O排放。美国还专门针对农场和牧场建立了农业统计制度，形成了五年一度的《农业统计》，由农业部向社会发布。报告中报送的门槛低至占地面积很小的种养殖业主。无论地处城市还是农村，只要不是自给自足地种植水果、蔬菜或者食肉动物，且其经济价值达到 1 000 美元以上的，都需要参与五年一度的数据报送。但是不同于英国，美国农场和牧场主报送的数据主要是牲畜的数量和农作物的产量等基础信息，可用于编制国家温室气体排放清单，但是没有测算企业层面的温室气体排放数据。

美国的碳总量控制体系是帮助美国完成温室气体减排的重要手段。在这个体系内，种养殖业的温室气体排放量并没有被纳入。尽管如此，以固碳为主的农业减缓措施（包括少耕免耕、施用氮肥抑制剂、减少农机具化石能源消费量等）可以帮助种养殖业主获得碳信用。获得碳信用的前提是签署碳信用登记册，例如美国碳登记册和已验证的碳标准等。这些公益组织提供的第三方验证很像有机认证者的方式，碳信用检验员会定期走访种养殖农场，查看企业主是否按照协议实施了农业减缓措施。

4.2.3 项目排放核算

国际范围内，使用较多的项目层级温室气体排放计算办法是《京都议定书》下的清洁发展机制项目方法学。目前，UNFCCC 已经发布了 7 个与种养殖业温室气体排放量相关的方法学，其中 5 个是小规模项目方法学（如表 4-4 所示）。这些方法学对我国研究开发核证自愿减排项目方法学有重要借鉴作用。

表4-4 清洁发展机制项目方法学

方法学	方法学类型	针对项目活动
粪便管理系统温室气体减排（ACM0010）	大规模一体化	通过引进新的动物废弃物管理系统或对动物废弃物管理系统实施改造以减少 CH_4 排放或改进温室气体处理效率
粪便多点收集集中处理厂温室气体减排（AM0073）	大规模	粪便从多点通过罐装车运输或通过管道泵送至集中处理厂以采用厌氧发酵处理
既有酸性土壤施用豆科牧草以替代化肥（AMS-III.A）	小规模	在既有酸性土壤种植豆科牧草以替代化肥或减少化肥施用量
使用需要较少化肥施用量的氮肥有效种子以减少 N_2O 排放	小规模	使用基因上不同的种子改进土壤硝化效率和反硝化效率以提高化肥使用效率、减少 N_2O 排放
动物粪便管理系统 CH_4 回收（AMS-III.D）	小规模	对动物粪便厌氧管理系统实施 CH_4 回收利用
户用或小农场农业 CH_4 回收（AMS-III.R）	小规模	户用或小农场农业活动的 CH_4 回收和利用
废水处理系统或粪便处理系统固液分离减少 CH_4 产生量（AMS-III.Y）	小规模	在厌氧废水处理系统或厌氧粪便处理系统通过固液分离减少 CH_4 产生量，分离后的固体部分采用新的反应技术以减少 CH_4 排放

国际标准化组织（International Organization for Standardization，ISO）环境管理技术委员会（TC 207）经过长期努力，于2006年3月1日发布了ISO 14064-1《温室气体第一部分：组织层次上对温室气体排放和清除的量化和报告的规范及指南》。ISO 14064-1 把 IPCC 国家温室气体清单指南用于度量温室气体排放的一般计算方法和相关规范通过国际标准的形式固定下来。ISO 14064-1 涉及温室气体管理的排放源、汇、库等，规范和统一了有关温室气体管理方面的术语、定义和量化方法。ISO 14064-1 是包括种养殖企业在内的各种组织量化其温室气体排放的一般性指导文件。

在推进种养殖业温室气体控制工作中，一些国家也发展了相应的温室气体排放量化方法。如澳大利亚政府提出“碳农业倡议”，鼓励土地管理者通过自愿温室气体减排行为获得碳排放信用，在碳市场上进行销售。为估计碳排放信用数量，澳大利亚政府开发农业温室气体减排方法和模型以确保温室气体减排量的准确性。

4.2.4 经验小结

（1）发达国家建立了较为完善的清单机制安排

根据 UNFCCC 清单报告指南要求，发达国家普遍建立了规范的清单编制机制安排，应对气候变化主管部门负责跨部门协调，常态化获取数据信息，以确保完成清单编制工作。澳大利亚、新西兰等发达国家目前已结合清单报告机制建立了较为完善的种养殖业数据统计基础，并建立了清单编制数据库，实现了基础数据收集的常态化和机制化。

国家清单机制包括清单筹备、编制和管理 3 个环节，需完成活动水平数据收集、方法选择和排放因子确定，对温室气体排放量进行估算，开展不确定性分析、质量保证和质量控制等具体活动。

在清单筹备阶段，需要确定各相关方的具体职责，包括数据收集机制、计算及存储。制订质量保证和质量控制计划。确定清单提交的官方流程，包括提交清单、回算及回应审评专家问题等。考虑清单改进计划，包括提高活动水平、排放因子和方法的质量，改进计划应结合质量保证和质量控制实施过程中发现的问题、专家审评发现的问题及其他审核活动发现的问题来制订，并不断更新质量保证和质量控制计划。

在清单编制阶段，需要收集活动水平、排放因子数据，对不确定性进行量化分析，根据相关要求进行清单回算，编制清单报告及表格，根据 IPCC 指南开展质量控制。质量控制的主要对象为关键源类别及方法或数据产生重大改变的类别，还应定期对清单编制方法进行评估。同时开展质量保证，由独立于清单编制团队的第三方专家开展审核。

在清单管理方面，应存储所有相关数据，包括基础排放因子和活动水平数据，以及所有这些水平和因子数据生成的文件说明，存储质量保证和质量控制的内部文件记录、所有外部和内部审评记录、关键源识别方法、改进计划实施情况等。在专家审评环节，安排专人回应审评专家问题，审评专家还可查阅提供所有记录的基础信息。

（2）农业清单数据来源较为分散

与能源部门和工业部门不同，农业部门的 MRV 方法和实践较为分散。从清单编制数据要求来看，大部分发达国家在畜禽养殖方面有较为成熟的详细数据，但在土地管理方面较难获得清单高层级方法需要的数据。在排放因子方面，数据部分依赖专项调研和行业数据，普遍缺乏一套集中的数据管理系统，即便在发达国家，许多农业清单所需的清单因子仍采用 IPCC 缺省值以及专家判断数据。

（3）发展中国家清单编制面临更大障碍

发展中国家普遍缺乏完善的法律规章制度，由于缺乏相关制度，许多发展中国家未建立温室气体清单数据常态化收集渠道。在工作机制上，发展中国家往往缺乏固定的机构和人员以开展清单编制，包括常态化数据收集、存储以及质量控制方面。许多发展中国家一直未建立完善的国家清单体系，仅依托全球环境基金（Global Environment Facility，GEF）项目以课题分包的形式开展工作。在技术层面，发展中国家很少建立了编制清单的数据库，许多工作还依靠原始的表单进行计算，既容易增加人工错误，也不利于数据存档。发达国家与发展中国家清单工作机制对比如表 4-5 所示。

表 4-5　发达国家与发展中国家清单工作机制对比

工作类型	发达国家现行做法	发展中国家普遍做法
数据收集	有专人和专职机构负责清单编制，有常态化的数据收集渠道，部分国家在政府部门间有数据传输协议	缺乏相对稳定的专家队伍，无固定人员和机构专职负责，数据收集依托研究项目开展，非公开数据没有渠道获取
数据存储	由专职机构存储数据	没有统一存储地点，原始数据只掌握在清单编制专家手中
质量保证和质量控制	有详细的流程要求和存档记录	不定期聘请外部专家开展质量保证

（4）政策目标是 MRV 的基础

MRV 的最初含义即增强发展中国家适当减缓行动目标完成情况的透明度，因此大部分国家的 MRV 都是围绕其农业的目标开展的。发达国家提出的全经济量化目标包含农业部门，因此清单即是其 MRV 的主要手段。而许多发展中国家的农业部门目标更为多元化，除减排量外还可包含相关的政策措施目标，因此发展中国家结合其 NAMAs 目标，对部分种养殖业的控排行动进行了 MRV 的制度设计，其 MRV 制度不仅包括减缓行动相关指标，也包括适应和可持续发展等多维度的指标，值得我国参考借鉴。

（5）企业或设施层面的措施以自下而上为主

由于农业企业的特殊性，较少有国家建立了农业企业的报告系统。基于企业和项目层面的 MRV 往往以鼓励性质为主，通过自愿减排项目的形式鼓励企业或项目层面的 MRV。

企业自发参与 MRV 体系的动力源于投资方对采购的低碳需求、作为基础信息供管理层做相关决策以及树立品牌形象和提高声誉。英国的实践证明，这可以帮助国家更好地控制温室气体排放和企业层面的低碳化转型，达到“双赢”。MRV 是企业温室气体管理的重要一环，是将可持续发展理念植入企业文化的一种手段，以了解气候变化带来的风险和机遇。其中，“测量”（“M”）使企业了解企业内部产生温室气体排放的过程和源头，可以更好地帮助企业制定低碳发展战略，从而减少温室气体排放。对企业而言，想要实现节能减排，减少对生态环境造成的不利影响，做好测量工作是基础；“报告”（“R”）是企业进行信息披露的重要工具，也是一个直观判断企业是否采取了控排措施的指标，即有相关报告行为不一定代表企业的确在采取控排行动，但是没有报告的企业肯定没有在系统化地采取行动；“核查”（“V”）可以帮助企业查漏补缺，提高测量和报告数据的科学性、完整性和透明度。虽然市场调研无法有效证明企业参与 MRV 与控制温室气体排放有直接的联系，但是 MRV 有助于企业开展碳排放管理，促进降低排放量。这是因为如果企业对温室气体排放信息进行了社会披露，从逻辑上说一定经过了企业主的签字批准，从而使他们在今后管理决策时引起重视，并且在很大程度上相当于承诺其排放量会逐年下降。

4.3　我国种养殖业温室气体 MRV 现状及挑战

4.3.1　制度体系

4.3.1.1　温室气体 MRV 相关政策文件

为加快制度和体系建设，完善相应工作机制，中国政府及有关部门出台了一系列政策性文件（如表 4-6 所示）。2011 年 12 月，国务院印发了《"十二五"控制温室气体排放工作方案》，要求构建国家、地方、企业三级温室气体排放基础统计和核算工作体系，加强对各省（区、市）"十二五" CO_2 排放强度下降目标完成情况的评估考核。2013 年 5 月，报请国务院同意，国家发展改革委会同国家统计局制定了《关于加强应对气候变化统计工作的意见》，明确要求各地区、各部门应高度重视应对气候变化统计工作，加强组织领导，健全管理体制，加大资金投入，加强能力建设，明确责任分工。2013 年 11 月，国家统计局会同国家发展改革委印发了《关于开展应对气候变化统计工作的通知》，研究制定了《应对气候变化部门统计报表制度（试行）》。2014 年 1 月，国家统计局印发了《应对气候变化统计工作方案》的通知，研究制定了《政府综合统计系统应对气候变化统计数据需求表》。

表 4-6　中国应对气候变化相关统计、核算、考核政策性文件汇总

发布时间	发布机构	文件名称
2011 年 3 月	国家发展改革委办公厅	《国家发展改革委办公厅关于印发省级温室气体清单编制指南（试行）的通知》（发改办气候〔2011〕1041 号）

发布时间	发布机构	文件名称
2012年6月	国家发展改革委	《温室气体自愿减排交易管理暂行办法》（发改气候〔2012〕1668号）
2013年5月	国家发展改革委、国家统计局	《关于加强应对气候变化统计工作的意见》（发改气候〔2013〕937号）
2013年11月	国家统计局、国家发展改革委	《关于开展应对气候变化统计工作的通知》（国统字〔2013〕80号）
2014年1月	国家统计局	《应对气候变化统计工作方案》（国统办字〔2014〕7号）
2015年1月	国家发展改革委办公厅	《关于开展下一阶段省级温室气体清单编制工作的通知》（发改办气候〔2015〕202号）

4.3.1.2 统计指标与基础统计体系

（1）温室气体相关统计体系

为支撑温室气体清单编制工作，国家统计局在现有统计制度基础上，将温室气体排放基础统计指标纳入政府统计指标体系，建立健全了与温室气体清单编制相匹配的基础统计体系。初步构建了工业、农业、土地利用变化和林业、废弃物处理等相关领域与温室气体排放紧密关联的活动量及排放特征参数的统计与调查制度。

2014年，国家统计局会同国家发展改革委等有关单位成立了由23个部门组成的应对气候变化统计工作领导小组，建立了以政府综合统计为核心、相关部门分工协作的工作机制。2014年以来，国家统计局印发了《应对气候变化统计指标体系》、《应对气候变化部门统计报表制度（试行）》和《政府综合统计系统应对气候变化统计数据需求表》等文件，并在全国15个省（区、市）开展了应对气候变化统计工作试点，应对气候变化统计队伍能力得到加强。《应对气候变化部门统计报表制度（试行）》示例如图4-7所示。

农作物特性参数

表　　号：P 7 2 0 表
制定机关：国 家 统 计 局
文　　号：国统字（2013）63号
综合机关名称：农业部　　20　年　　有效期至：2014年9月

指标名称	代码	干重比/%	冠根比/%	经济系数/%	籽粒含氮比例/%	秸秆含氮比例/%	根含氮比例/%	秸秆还田率/%
甲	乙	1	2	3	4	5	6	7
水稻	01							
小麦	02							
玉米	03							
高粱	04							
谷子	05							
大豆	06							
其他豆类	07							
花生	08							
油菜籽	09							
其他油料作物	10							
棉花	11							
麻类	12							
甘蔗	13							
甜菜	14							
烟叶	15							

单位负责人：　　填表人：　　报出日期：20　年　月　日

畜禽饲养粪便处理方式

表　　号：P　7　1　3　表
制定机关：国　家　统　计　局
文　　号：国统字（2013）63 号
综合机关名称：农业部　　　　20　年　　　　有效期至：2 0 1 4　年　9　月

指标名称	代码	合计	粪便处理方式占比/%												
			放牧/放养	自然风干晾晒	燃烧	固体储存	液体贮存	舍内粪坑贮存	每日施肥	好氧处理	堆肥处理	厌氧沼气处理	氧化塘	垫草垫料	其他
甲	乙	1	2	3	4	5	6	7	8	9	10	11	12	13	14
肉牛	—														
规模化饲养	01														
农户饲养	02														
放牧饲养	03														
奶牛	—														
规模化饲养	04														
农户饲养	05														
放牧饲养	06														
山羊	—														
规模化饲养	07														
农户饲养	08														
放牧饲养	09														
绵羊	—														
规模化饲养	10														
农户饲养	11														

单位负责人：　　　　填表人：　　　　报出日期：20　年　月　日

图 4-7 《应对气候变化部门统计报表制度（试行）》示例

截至 2021 年，该报表制度收集了 2013—2019 年统计数据，现存主要问题包括：一是部分指标无统计数据或未更新。应对气候变化科学研究投入、单位建筑面积能耗降低率、规模以上工业战略性新兴产业增加值占 GDP 比重等无数据；含氟气体使用及城镇污水处理缺 2014 年数据；石油天然气生产企业放空气体排放缺中海油数据；2013—2016 年火力发电锅炉固体未完全燃烧热损失百分率均为 2%，未更新。二是部分统计数据与机构发布数据不一致。如气象灾害引发的直接经济损失数据与《中国气象灾害年鉴》数据不一致。三是温室气体基础统计专项调查无调查结果。如农业农村部负责的农作物特性、畜牧业生产特性及畜禽饲养粪便处理方式专项调查，以及国家林草局负责的林地转化监测、森林生长和固碳特性综合调查等无调查结果。四是管理机制不完善。缺乏报送数据审核与共享机制；报送制度缺乏强制性和约束力，除统计局催报外无其他措施。

为加强应对气候变化统计工作，科学设置反映气候变化特征和应对气候变化状况的统计指标，综合反映中国应对气候变化的努力和成效，在国家发展改革委会同国家统计局于 2013 年 5 月印发的《关于加强应对气候变化统计工作的意见》中，首次提出了中国应对气候变化统计指标体系，包括气候变化及影响、适应气候变化、控制温室气体排放、应对气候变化的资金投入以及应对气候变化相关管理等 5 大类，涵盖 19 个小类，共计 36 项指标（如表 4-7 所示），并在此基础上建立了应对气候变化统计报表制度。

表 4-7　中国应对气候变化统计指标体系

领域	活动	指标	数据来源
1. 气候变化及影响	（1）温室气体浓度	①二氧化碳浓度	中国气象局
	（2）气候变化	②各省（区、市）年平均气温	中国气象局
		③各省（区、市）平均年降水量	中国气象局
		④全国沿海各省份海平面较上年变化	国家海洋局
	（3）气候变化影响	⑤洪涝干旱农作物受灾面积	国家减灾委办公室、民政部、农业部、水利部
		⑥气象灾害引发的直接经济损失	国家减灾委办公室、民政部、中国气象局
2. 适应气候变化	（1）农业	①保护性耕作面积	农业部
		②新增草原改良面积	农业部
	（2）林业	③新增沙化土地治理面积	国家林业局
	（3）水资源	④农业灌溉用水有效利用系数	水利部
		⑤节水灌溉面积	水利部
	（4）海岸带	⑥近岸及海岸湿地面积	国家海洋局

领域	活动	指标	数据来源
3. 控制温室气体排放	(1) 综合	①单位国内生产总值 CO_2 排放降低率	国家发展改革委
	(2) 温室气体排放	②温室气体排放总量	国家发展改革委、国家统计局
		③分领域温室气体排放量（5 个领域 6 类温室气体分别的排放量）	国家发展改革委、国家统计局、工业和信息化部、环境保护部
	(3) 调整产业结构	④第三产业增加值占 GDP 的比重	国家统计局
		⑤战略性新兴产业增加值占 GDP 的比重	国家统计局
	(4) 节约能源与提高能效	⑥单位 GDP 能源消耗降低率	国家统计局
		⑦规模以上单位工业增加值能耗降低率	国家统计局
		⑧单位建筑面积能耗降低率	住房和城乡建设部
	(5) 发展非化石能源	⑨非化石能源占能源消费总量比重	国家统计局、国家能源局
	(6) 增加森林碳汇	⑩森林覆盖率	国家林业局
		⑪森林蓄积量	国家林业局
		⑫新增森林面积	国家林业局
	(7) 控制工业、农业等部门温室气体排放	⑬水泥原料配料中废物替代比	工业和信息化部
		⑭废钢入炉比	工业和信息化部
		⑮测土配方施肥面积	农业部
		⑯沼气年产气量	农业部
4. 应对气候变化的资金投入	(1) 科技	①应对气候变化科学研究投入	财政部、科技部
	(2) 适应	②大江大河防洪工程建设投入	水利部、财政部
	(3) 减缓	③节能投入	国家发展改革委、财政部
		④发展非化石能源投入	国家能源局、财政部
		⑤增加森林碳汇投入	国家林业局、财政部
	(4) 其他	⑥温室气体排放统计、核算和考核及其能力建设投入	国家发展改革委、财政部
5. 应对气候变化相关管理	(1) 计量、标准与认证	①碳排放标准数量	国家质检总局、国家发展改革委、工业和信息化部
		②低碳产品认证数量	国家质检总局、国家发展改革委、工业和信息化部、环境保护部

(2) 种养殖业相关统计制度

报表制度与抽样调查相结合是农业统计的基本方法。统计报表制度是根据国家统一规定，以统一形式，在规定时间、自上而下逐级提供统一统计内容与资料，调查内容主要包括农业经济核算、农产品产量调查、主要畜禽生产监测、农产品价格统计、农民收入与支出、农业生产要素统计等。

常用的农业统计报表有《农林牧渔业统计报表制度》《农林牧渔业产值统计制度》《农村住户调查方案》《农产品价格调查方案》等。《农林牧渔业统计调查制度》的调查统计范围包括全部农业生产经营户，包括农业生产条件、设施农业、热带农作物、园林作物、其他畜禽等生产统计报表。

《农林牧渔业统计报表制度》包括主要农作物产品产量、播种面积、茶叶、水果主要品种面积和产量、牲畜出栏量和畜产品产量、牲畜年末存栏头数，频率均为年报，范围为全部农业生产经营户和经营单位以及全部畜禽生产经营单位及养殖户。《农林牧渔业综合统计报表制度》中的畜牧业生产统计报表由省级统计局组织省以下各级统计机构实施。

《种植业抽样调查制度》为省、自治区、直辖市报告调查结果的综合表式。由各调查总队负责按照本报表制度统一规定的调查规模和指标口径填报本报表。报告内容包括从抽样调查点取得的各季播种面积、实测产量等各项资料。对省级统计局报国家的粮食产量数据，应按照《种植业抽样调查制度》和《农林牧渔业综合统计报表制度》的规定分别上报抽样调查数据和全面调查数据。

除《农林牧渔业综合统计报表制度》中的畜牧业生产统计报表外，畜牧业统计调查主要依据《主要畜禽抽样调查制度》，由国家统计局组织、各省级统计局和国家统计局各调查总队共同实施，国家统计局各调查总队将调查结果报国家统计局。调查的品种是猪、牛、羊和家禽，国家实行以省级层面为总体的抽样调查，并对生猪调查大县实行以县为总体的抽样调查。畜牧业生产统计报表为全面统计报表制度，调查方法由各省（区、市）统计局自行确定。调查范围是全国的猪、牛、羊和家禽的饲养单位和农户。

《主要畜禽抽样调查制度》抽样调查推算的猪、牛、羊和家禽数据为各省（区、市）的法定数据，是进行农业经济核算的依据。各省（区、市）统计局依据《农林牧渔业综合统计报表制度》中的畜牧业生产统计报表逐级统计的猪、牛、羊和家禽数据主要满足省级以下分级管理的需要，国家不要求上报逐级统计得到的分省汇总数据（北京、天津、上海除外），省级统计局也不得对外公开使用。生猪调出大县的生猪及相关数据以监测调查的结果为准。主要畜禽抽样实行分季定产，4个季度之和即为年度数据；生猪调出大县实行月度调查与季度调查相结合，主要数据开展月度调查。

主要畜禽监测调查的网点涉及两个层次和两种类型。两个层次是散养户（抽样调查）和规模户（全数调查）；两种类型是农户和非农户生产经营单位。各省（区、市）畜禽监测的规模标准不尽相同，以安徽省为例，猪大于250头以上、牛大于70头以上、羊大于300只以上、禽大于11 000只以上定义为规模户。大部分规模户是农场管理、合作社模式。虽然规模户所占比例较低，但饲养量占比较大，再加上其年际变动较大，对规模户进行单独调查和监测可提高抽样调查效率、降低调查成本。散养户品种和地区都非常多元，统计上只能采取抽样方式，在短期内难以做到全覆盖。随着经济社会发展，我国农户和散养户不断缩小、规模户趋于稳定。

抽样调查则常用于农作物产量、畜禽产量等，主要由国家统计局直属的各级农村调查队负责。对粮食等主要农作物、猪、牛、羊和家禽，实行以省级层面为总体的抽样调查，并对生猪实行以县级层面为总体的抽样调查。

此外，我国还每10年开展1次农业普查，经费由中央财政和地方财政共同承担。我国已分别于1996年、2006年和2016年开展了3次农业普查，主要包括经营主体的生产经营情况、农业土地利用情况、农村劳动力就业及流动情况、农业和农村固定资产投资情况等。

统计数据最官方的发布途径是统计年鉴，目前我国涉及农业方面的统计年鉴包括《中国统计年鉴》《中国农业年鉴》《中国农村统计年鉴》等全国性统计年鉴以及地方统计年鉴等。农业普查的数据主要以公报的形式发布。国家统计局还与有关部委联合发布部门统计公报。各地方统计机构也可以统计公报形式向全社会公布最新统计结果。

除国家统计局外，我国农业统计体系还包括政府部门统计体系。政府部门统计由国务院各政府部门及地方政府部门组成，其在机构设置和人员组成上以统计任务需求为导向，主要完成各部门的专题统计任务。国家部委涉及农业统计的主要有农业部、林业部、商务部、科技部和国家发展改革委等。以 2012 年为例，全国涉及农业的调查统计项目共 65 项，分属 16 个部门，其中农业部负责 20 项，林业局负责 21 项（国家统计局，2011）。

4.3.1.3 MRV 体系

我国种养殖业 MRV 情况如表 4-8 所示，在清单层面、政策行动层面、企业层面和项目层面分别开展测量、报告和核查。在清单层面，测量主要包括数据测量和收集，其中农业基础统计数据来自各级统计部门及农业相关部门，清单编制单位根据清单方法学要求，对部分重点排放源开展实测以获得本地因子；在国家一级，由生态环境部组织开展温室气体清单编制，其中农业部门清单编制由中国农业科学院和中国科学院大气物理研究所负责编制，由生态环境部气候司汇总，逐级上报至国务院并批准后，提交《公约》秘书处，并接受国际专家的技术分析；省市两级也根据《省级温室气体清单编制指南（试行）》定期开展温室气体清单编制，省级温室气体清单由生态环境部气候司定期组织国家和地方专家进行联审。

在政策行动层面，我国尚未提出种养殖业温室气体控排目标，但提出了一系列的政策行动措施。部委出台的政策行动措施定期衡量行动效果，向社会公布。在报告方面，国家根据《公约》相关要求定期提交气候变化信息通报和更新报告，其中包含种养殖业温室气体控排相关行动进展和成效，并接受国际专家的技术分析；根据省级温室气体考核要求，各地需要向气候变化主管部门提交年度省级控温目标责任评价考核自评报告，包含农业相关指标的进展，由主管部门组织专家进行考核。

在企业层面，中国农业科学院、国家应对气候变化战略研究和国际合作中心均开展了种养殖业企业温室气体核算指南和标准相关研究，其中中国农业科学院开展的“种植业机构/养殖业企业温室气体核算和报告要求”正在商相关主管部门审核，待审核完毕后将向社会发布。

在项目层面，我国温室气体自愿减排机制中包含了水稻种植、动物粪便管理等方法学。目前，我国国家和省级碳市场均未纳入种养殖业企业，因此未开展相关核查工作。

表 4-8 我国种养殖业 MRV 情况一览

工作类型	清单层面	政策行动层面	企业层面	项目层面
测量	基础统计数据、部委及行业协会统计数据、清单实测数据	部委出台的政策行动措施定期衡量行动效果	开展种养殖业企业温室气体核算指南和标准研究，待相关主管部门审核后将向社会发布	自愿减排项目方法学
报告	国家向《公约》秘书处报告；省级地区向国家应对气候变化主管部门报告；省市两级定期编制温室气体清单，向主管部门报告	国家向《公约》秘书处提交国家信息通报；各地区向国家应对气候变化主管部门提交年度省级控温目标责任评价考核自评报告		
核查	国家清单接受《公约》秘书处组织的国际专家技术分析；省级清单定期接受国家应对气候变化主管部门组织的清单联审	国家接受国际专家审评（International Consultative Analysis，ICA）；各地区接受省级控温目标责任评价考核	暂不参与碳市场	暂不参与碳市场

4.3.2 温室气体清单编制

4.3.2.1 机制安排

种养殖业温室气体清单是我国温室气体总清单的重要部分，作为国家信息通报和两年更新报告专门一章的内容报《公约》秘书处，其中国家信息通报每四年报告，两年更新报告每两年报告。其中，两年更新报告需接受国际专家组的技术分析。未来在《巴黎协定》增强的透明度框架下，明确温室气体清单需每两年在透明度双年报中进行报告，并接受专家审评和多边评估。

各地区根据国家应对气候变化主管部门要求，开展了2005年、2010年、2012年、2014年清单编制工作，国家应对气候变化主管部门在2015年和2018年分别对2005年、2010年和2012年、2014年省级温室气体清单进行联审，以提高省级温室气体清单质量，确保温室气体清单结果的可比性。在2018年11月，完成了清单的联审工作。通过对省级温室气体清单的评估和联审，切实提高了省级清单质量和编制能力。

（1）国家清单

在第一次气候变化信息通报和第二次气候变化信息通报编制工作基础上，我国建立了温室气体清单编制国家体系。由生态环境部应对气候变化司总体负责编制国家温室气体清单，包括选择国内专业研究机构和高等院校等清单编制单位，会同国家统计局组织有关部门为温室气体清单编制提供基础统计数据，协调行业协会和典型企业提供相关资料，并建立国家温室气体清单数据库以支持清单编制和数据管理。

目前我国清单编制仍以项目形式开展，种养殖业部分清单由中国农业科学院农业环境与可持续发展研究所、中国科学院大气物理研究所承担。在各领域清单编制成果基础上，国家发展改革委组织国家应对气候变化领导小组成员单位及相关专家开展广泛讨论，最终形成2012年国家温室气体清单。

在质量保证和质量控制方面，清单编制机构开展了关键类别分析，分析结果用于指导2012年清单编制方法的选择。在排放因子方面，国家统计局初步建立了相关参数统计调查制度，清单编制机构及其他相关单位专门开展了主要畜禽氮排泄量、农用地N_2O直接排放因子田间实验测定，获得了国别排放因子及相关参数。国家清单编制团队还就数据管理及质量控制与加拿大、美国、荷兰、日本、韩国等国家及联合国粮食及农业组织等国际机构开展了交流。同时，为保证清单相关数据的电子化管理水平，我国还建立了国家和各领域温室气体清单数据库系统。此外，清单编制机构组织召开了多次技术研讨会，与国内其他研究机构和专家进行学术交流和讨论，充分吸纳相关研究成果，同时还邀请没有参与清单编制工作的专家对清单编制方法和结果进行独立分析和审评，为清单质量保证提供支持。

（2）省级清单

2011 年 3 月，《国家发展改革委办公厅关于印发省级温室气体清单编制指南（试行）的通知》明确了省级温室气体清单编制的工作流程，主要包括界定排放源与吸收汇、确定估算方法、收集活动水平和排放因子数据、估算排放量和清除量、核查和验证、评估不确定性及报告清单结果等。该指南的制定不仅加强了省级清单编制的科学性、规范性和可操作性，也为编制方法科学、数据透明、格式一致、结果可比的省级温室气体清单提供了具体指导。广东、浙江等地也均研究制定了符合本地区实际情况的市级（区县级）温室气体清单指南（北京为区县级，广东、浙江为市级）。

通过全方位、多层次对地方清单编制机构人员进行培训、指导和交流，全国 31 个省（区、市）和新疆生产建设兵团于 2014 年底完成并向国家发展改革委报告了 2005 年及 2010 年两年的清单。2015 年 1 月，《国家发展改革委办公厅关于开展下一阶段省级温室气体清单编制工作的通知》要求各地区开展 2012 年和 2014 年省级温室气体清单编制工作。据不完全统计，已有超过 150 个城市完成了城市温室气体清单编制工作，其中包括所有国家第三批低碳城市。各地区还以开展省级人民政府单位地区生产总值二氧化碳排放降低目标责任评估考核为契机，加强对本地区碳排放强度目标的评估及跟踪分析。

为了提高省级温室气体清单质量，确保温室气体清单结果的可比性，国家发展改革委组织有关单位编制了一套供各省（区、市）填报的省级温室气体清单通用报告格式（CRF）表格，同时还设计了由 42 个指标构成的省级温室气体清单数据质量及结果可比性联审指标体系，建立了由国家和地方清单编制机构专家以及第三方专家组成的联审专家组。通过对省级温室气体清单的评估和联审，切实提高了省级清单质量和编制能力。截至 2018 年年底，已完成了对地方

2005 年、2010 年、2012 年和 2014 年的清单联审工作，地方专业化清单编制队伍基本建成。

4.3.2.2　清单数据需求分析

（1）种植业

依据《2006 年 IPCC 国家温室气体清单指南》方法框架，国家清单的稻田 CH_4 排放清单编制采用方法 3，即模型模拟的方法。主要的活动水平数据包括水稻播种面积和产量。部分数据来源于《中国农村统计年鉴》，以及中国科学院地理科学与资源研究所的栅格土地利用图数据，还有部分数据来自期刊文献数据以及实地调研数据。所有需要的数据需求和来源如表 4-9 所示。

表 4-9　稻田 CH_4 排放数据需求和来源

类型	需要的数据项	数据来源
活动水平	稻田空间分布	中国科学院地理科学与资源研究所 1 km×1 km 栅格土地利用图数据（原始数据为覆盖全国的卫星影像数据）
	水稻播种面积和产量：县级水稻生产统计数据 氮肥施用量	数据来自中国农业科学院科技文献信息中心 《中国农村统计年鉴》（分类型的播种面积）
	冬水田面积	期刊数据
	秸秆还田率和农家肥施用	农户抽样调查
	不同类型水稻移栽、收获日期及生长季长度	《中国农业气候资源图集》
	稻田水管理方式	期刊数据
	稻田土壤类型及属性	中国科学院南京土壤研究所（来自全国土壤普查结果）
	逐日气温	中国气象局站点观测数据
排放因子	冬水田排放因子	实地观测数据、文献：每省（区、市）一个因子
	水稻生长季 CH_4 排放因子	CH_4MOD 模式计算结果： 每 10 km×10 km 栅格中都有不同的取值

农用地 N_2O 排放数据除了来自《中国统计年鉴》外，还来自中国农业科学院农业信息研究所的统计、调查数据库，各省（区、市）统计年鉴，以及国家统计局的样县抽样调查等，数据来源较为分散，具体如表 4-10 所示。

表 4-10　农用地 N_2O 排放数据需求和来源

类型	数据需求	数据来源
活动水平	各类型农用地化肥氮施用量	《中国统计年鉴》、县级数据
	各类型农用地粪肥氮施用量，通过乡村人口、主要畜禽饲养量得出	中国农业科学院农业信息研究所的统计、调查数据库，各省（区、市）统计年鉴，以及国家统计局的样县抽样调查
	秸秆还田和根茬残留氮量，通过主要作物播种面积和产量、耕地面积得出	
	大气氮沉降量，通过农田施肥、畜禽排泄物、秸秆焚烧氨挥发与 NO_x 排放得出	
	淋溶/径流损失量，通过主要作物播种面积得出	
排放因子	分类型农田的 N_2O 直接排放因子	直接测定法
	农田外大气沉降氮的 N_2O 间接排放因子	缺省值
	淋溶/径流损失氮的 N_2O 间接排放因子	缺省值

（2）养殖业

养殖业温室气体清单编制过程中采用的活动数据来源于官方统计年鉴——《中国统计年鉴 2013》、《中国畜牧业年鉴 2013》以及农业农村部提供的畜牧业行业统计数据。其中，牛、绵羊、山羊、猪、马、驴、骡和骆驼的年末存栏量来自《中国统计年鉴 2013》，奶牛、肉牛、家禽和兔的存栏数量来自《中国畜牧业年鉴 2013》，规模化饲养、农户饲养比例以及不同动物的年龄结构比例来自农业农村部提供的畜牧业行业统计数据。

在动物肠道发酵 CH_4 排放因子的计算过程中，根据中国家畜的养殖特点，将动物分为农户散养、规模化饲养、放牧饲养 3 种饲养方式，同时考虑不同年龄阶段动物的生产特性差异。排放因子计算中涉及的动物体重、日增重、采食量和饲料质量、产奶量和乳脂率、产毛量等生产特性数据来自 79 个县的典型调查数据。具体如表 4-11 所示。

表 4-11　动物肠道发酵 CH_4 排放数据需求和来源

类型	数据需求	数据来源
活动水平	估算肠道 CH_4 排放量的动物存栏量	《中国统计年鉴》
	不同饲养方式下的存栏量和不同年龄阶段的存栏量数据	农业农村部提供的畜牧业行业统计数据
	不同动物 3 种饲养方式（规模化养殖、农户散养以及放牧饲养）的年末存栏数据	《中国畜牧业年鉴》
排放因子	动物摄取的饲料总能的确定：计算摄取饲料总能量，需要动物体重、平均日增重、采食量、饲料消化率、平均日产奶量、奶脂肪含量、繁殖母畜百分比、每只羊年产毛量、每日劳动时间等参数	实地调研数据
	CH_4 转化率	缺省值

在粪便管理 CH_4 排放因子的计算过程中，重点考虑不同气候区域、不同动物粪便管理方式对 CH_4 排放因子的影响，粪便管理方式的使用比例来自调研数据。根据各区域的年平均温度选择《IPCC 国家温室气体清单（1996 年修订版）》推荐的不同粪便管理方式的 CH_4 转化因子（methane conversion factor，MCF）默认值。具体如表 4-11 如示。

在粪便管理 N_2O 排放因子的计算过程中，猪、奶牛、肉牛和家禽的年氮排泄量采用《第一次全国污染源普查畜禽养殖业源产排污系数手册》提供的数据。具体如表 4-12 所示。

表 4-12 动物粪便管理 CH_4 和 N_2O 排放数据需求和来源

气体种类	数据需求	数据来源
CH_4 排放	每日易挥发固体排泄量	实地调研数据
	动物摄取的饲料总能的确定	实地调研数据
	消化能占总能的百分比	实地调研数据
	粪便灰分含量	缺省值
	CH_4 产生潜力	IPCC 缺省值
	粪便管理方式的使用比例	实地调研数据
	CH_4 转化因子	根据各省（区、市）的年平均温度确定不同粪便管理方式的 CH_4 转化因子
N_2O 排放	不同粪便管理方式的 N_2O 排放因子	缺省值
	动物每年排泄的氮量	文献调研
	粪便管理方式的使用比例	实地调研数据
	每种动物的粪便 N_2O 排放因子	根据不同动物粪便氮排泄量、不同粪便管理方式的 N_2O 排放因子和各省（区、市）不同动物粪便管理方式使用比例，计算得出各省（区、市）不同动物粪便管理 N_2O 排放因子

总体来看，清单对官方发布数据的需求如表 4-13 所示。从数据需求特点来看，清单需要的活动水平及排放因子皆为计算数据，同时还需要结合大量的实地调研数据以反映本国特性。除年鉴外，部分较为详细的数据及本地化排放因子还依赖普查数据，普查数据的挑战在于难以保证其时效性。为保证温室气体清单基础数据收集的常态化和有效性，国家统计局于 2014 年印发了《应对气候变化统计指标体系》、《应对气候变化部门统计报表制度（试行）》和《政府综合统计系统应对气候变化统计数据需求表》等文件，其中包含畜禽饲养粪便处理方式、主要牲畜（肉牛、奶牛、役用牛、山羊、绵羊、生猪）生产特性参数、农作物特性参数等。

表 4-13　清单所需官方数据汇总

名称	发布频率	数据需求
《中国统计年鉴》	年度	氮肥施用量、耕地面积、行政区划面积
《中国农村统计年鉴》、《中国农业年鉴》	年度	主要农作物分地区单位面积产量、乡村人口
《中国畜牧业年鉴》	年度	主要畜禽饲养量、出栏率
全国污染源普查数据	每 10 年	种植业、畜禽养殖业、水产养殖业生产活动情况，秸秆产生、处置和资源化利用情况，化肥、农药和地膜使用情况，纳入登记调查的畜禽养殖企业和养殖户的基本情况、污染治理情况和粪污资源化利用情况。 废水污染物：氨氮、总氮、总磷、畜禽养殖业和水产养殖业化学需氧量。 废气污染物：养殖业氨、种植业氨和挥发性有机物
全国农业普查	每 10 年	种植业、养殖业详细数据
应对气候变化统计报表制度	每 5 年	每 5 年报告 1 次畜禽饲养粪便处理方式、主要牲畜（肉牛、奶牛、役用牛、山羊、绵羊、生猪）生产特性参数、农作物特性参数

4.3.2.3　面临挑战

在国家清单层面，清单需要的活动水平及排放因子皆为计算数据，同时还需要结合大量的实地调研数据以反映本国特性。除年鉴外，部分较为详细的数据及本地化排放因子还依赖普查数据，普查数据的挑战在于难以保证其时效性。此外，不同清单领域采用的活动水平数据还存在一定交叉。针对清单数据收集设计的《应对气候变化部门统计报表制度（试行）》由于缺乏专项经费，也很难确保落实。未来，我国将面临更高频率的清单报告要求和更加严格的国际审评，需要确保清单数据的时效性、准确性、完整性以及用于不同活动水平的原始数据一致性。这需要加大不同机构间的数据协调，同时建立相对完善的质量保证和质量控制体系。

我国清单编制机构安排存在的问题包括以下几个方面。

从我国现行的清单编制机构安排上看，基本符合国际通行要求，与发达国家类似，也建立起了相对稳定的专家队伍，清单报告质量和编制方法学在国际上都属于较为先进的水平，但在常态化数据收集、数据和信息存储以及质量控制和质量保证等方面较为薄弱，与未来两年一次提交清单报告的要求还有一定距离。

在数据收集方面，由于我国还未设立清单办公室，因此还未有清单数据收集的统一归口，而是由清单编制专家以研究的方式收集数据，部分涉密的非公开数据需要以国家应对气候变化主管部门临时发函的形式获取，缺乏常态化的数据收集机制。

在数据和信息存储方面，目前还未有统一的存储地点，也缺乏统一的存档要求，清单编制的原始数据基本掌握在清单编制单位甚至专家个人手中，一旦出现人员变动，就会造成数据和信息的流失。我国正在完善升级清单数据库系统，未来将通过数据库存储清单编制数据，但对原始数据的处理过程尚未有明确的要求和安排。

在质量保证和质量控制方面，我国主要是由清单编制单位各自根据指南要求开展，并通过项目进展会和验收会的形式请第三方专家审核清单报告。但从记录和存档的角度，未要求在清单编制前制订质量保证和质量控制计划，并监督其执行情况，第三方专家的审核通常是结合研讨会进行的，受限于会议时间和专家专业技术能力，缺乏全面综合的第三方评估活动。

我国清单编制需要的统计数据分散在不同部门，且由于缺乏总体的清单工作机制安排，从事清单编制的研究人员有时难以获取非公开的官方数据，而是通过自行调研或专家判断获得数据。

4.3.3 政策措施 MRV

作为发展中国家，我国目前还未提出种养殖业相关的温室气体限排目标，但提出了一系列控制种养殖业相关温室气体排放的政策措施和行动。

2015 年 6 月，中国政府在向《公约》秘书处提交的应对气候变化国家自主贡献文件中提出了农业领域应对气候变化的政策行动和措施：推进农业低碳发展，到 2020 年努力实现化肥农药使用量零增长；控制稻田 CH_4 和农田 N_2O 排放，构建循环型农业体系，推动秸秆综合利用、农林废弃物资源化利用和畜禽粪便综合利用。

4.3.3.1 测量和报告

定期向《公约》秘书处提交的国家信息通报和两年更新报告中报告了我国农业政策行动的进展。《中华人民共和国气候变化第一次两年更新报告》中报告的控制农业活动温室气体排放相关信息主要为定性的政策措施和行动，包括 2012 年农业部启动实施了“百县千乡万村”整建制推进测土配方施肥行动，开展农企合作推广配方肥试点，中央财政安排补贴资金支持开展测土配方施肥。中央财政安排专项资金及保护性耕作工程投资推广保护性耕作技术，推广以秸秆覆盖、免耕等为主要内容的保护性耕作，发展秸秆养畜、过腹还田，增加土壤有机碳含量。“十二五”期间，农业部、财政部继续实施了土壤有机质提升补贴项目，推广秸秆还田、绿肥种植、增施有机肥等技术措施。中央投入资金实施生猪、奶牛标准化规模养殖场（小区）建设项目，重点支持规模养殖场对畜禽圈舍进行标准化改造，建设贮粪池、排粪污管网等粪污处理配套设施。

《中华人民共和国气候变化第三次国家信息通报》中则围绕“十二五”时期提出的政策行动，报告了定量的目标进展情况：截至 2015 年，测土施肥技术覆盖率达到 80%以上，氮肥利用效率较 2005 年提高了 7.2 个百分点，三大粮食作物氮肥利用率达到 35.2%，通过提高利用率来减少化肥用量和面源污染，有效控制了农田的 N_2O 排放。2014 年全国青贮饲料产量达到 7 200 万 t，有效控制了牛羊等反刍动物的 CH_4 排放。到 2015 年，全国户用沼气达到 4 193.3 万户，各类型沼气工程达到 110 975 处，全国沼气年生产能力达到 158 亿 m^3，约为当年全国天然气消费量的 5%，每年可替代化石能源约 1 100 万 t 标准煤。全国农村沼气年处理畜禽养殖粪便、秸秆、有机生活垃圾近 20 亿 t，年减排温室气体约 6 300 多万 tCO_2 当量。

4.3.3.2 相关考核

为加强对年度二氧化碳排放核算及碳排放强度下降目标完成情况的监测分析，确保完成“十二五”国家碳排放强度降低17%这一约束性目标，我国从2013年起开展省级人民政府控制温室气体排放目标责任评价考核，围绕目标完成情况、任务与措施落实情况、基础工作与能力建设落实情况及体制机制开创性探索等方面，提出了考核指标体系，并组织有关部门及专家对全国31个省（区、市）人民政府单位地区生产总值二氧化碳排放降低目标责任进行了年度考核评估。在低碳产业体系建设考核指标中，设“发展低碳农业”一项，衡量各省（区、市）化肥零增长政策行动落实情况。

2017 年，《国务院办公厅关于加快推进畜禽养殖废弃物资源化利用的意见》指出，到2020年全国畜禽粪污综合利用率达到75%以上，规模养殖场粪污处理设施装备配套率达到95%以上。同时提出要健全绩效评价考核制度，以规模养殖场粪污处理、有机肥还田利用、沼气和生物天然气使用等指标为重点，建立畜禽养殖废弃物资源化利用绩效评价考核制度，纳入地方政府绩效评价考核体系。农业部、环境保护部要联合制定具体考核办法，对各省（区、市）人民政府开展考核。各省（区、市）人民政府要对本行政区域内畜禽养殖废弃物资源化利用工作开展考核，定期通报工作进展，层层传导压力。强化考核结果应用，建立激励和责任追究机制。2018年，农业农村部和生态环境部联合下发了《畜禽养殖废弃物资源化利用工作考核办法（试行）》，明确对31个省（区、市）人民政府和新疆生产建设兵团开展实地检查，考核办法包括4个方面内容和11项具体指标。考核结果向社会公开。

《关于创新体制机制推进农业绿色发展的意见》中提出，依据绿色发展指标体系，完善农业绿色发展评价指标，适时开展部门联合督查。结合生态文明建设目标评价考核工作，对农业绿色发展情况进行评价和考核。建立奖惩机制，对农业绿色发展中取得显著成绩的单位和个人，按照有关规定给予表彰，对落实不力的进行问责。

4.3.3.3 面临挑战

在政策行动层面，从国际经验来看，不同政策行动的方法学差异较大，指标设计上也有较大差异。目前我国还未提出种养殖业领域温室气体控排目标，因此其 MRV 更多聚焦于行动本身而不是减排效果，如国务院已明确提出要健全绩效评价考核制度，以规模养殖场粪污处理、有机肥还田利用、沼气和生物天然气使用等指标为重点，建立畜禽养殖废弃物资源化利用绩效评价考核制度，纳入地方政府绩效评价考核体系。农业农村部、生态环境部要联合制定具体考核办法，对各省（区、市）人民政府开展考核。化肥零增长行动仅在考核指标中监测化肥施用情况，而不会估算由此带来的温室气体减排量。

近年来，农业农村部与生态环境部共同出台相关文件，要求大型畜禽养殖场安装废弃物管理设施。为有效评估畜禽养殖废弃物政策效果，农业农村部委托中国农业科学院负责畜禽养殖温室气体清单编制的专家开展年度调研，目前已可对动物粪便管理产生的温室气体进行年度监测，但更为全面和系统的活动水平和排放因子收集工作还需加强。

4.3.4 企业/设施层面 MRV

4.3.4.1 企业核算及报告指南

中国农业科学院标准：根据待发布的《种植业机构/养殖业企业温室气体核算和报告要求》，种植业温室气体排放主要包括稻田 CH_4 排放，农田 N_2O 排放，农机耗油、灌溉耗电、产品加工等的 CO_2 排放。养殖业温室气体排放包括肠道发酵 CH_4 排放，粪便管理 CH_4 和 N_2O 排放，粪便沼气能源替代、生产过程中耗电和耗油的 CO_2 排放。

国家应对气候变化战略研究和国际合作中心曾开展了《畜禽规模化养殖企业温室气体排放核算与报送指南》和《规模化种植场温室气体排放核算与报送指南》

相关研究。种养殖业企业温室气体排放不仅包括非 CO_2 排放，还包括化石燃料燃烧造成的 CO_2 排放，具体识别的排放源如下。

（1）规模化种植场

①化石燃料燃烧 CO_2 排放：主要指化石燃料在各种类型的固定燃烧设备（如锅炉、窑炉、焚烧炉、加热炉、熔炉、发电内燃机等）以及生产用移动燃烧设备（如农业机械、运输车辆、搬运设备等）中与 O_2 充分燃烧生成的 CO_2 排放。

②石灰施用的 CO_2 排放：为改良酸性土壤并补充作物所需的 Ca、Mg 养分而施加到土壤中的碳酸盐（如含钙石灰岩或苦土石灰等），在土壤中的 H_2O 和 CO_2 作用下会离解为 C、Mg^{2+}和 HCO_3^-，后者与土壤中的 H^+最终反应生成 H_2O 和 CO_2，从而导致 CO_2 排放。

③尿素施用的 CO_2 排放：尿素（NH_2CONH_2）在水分和尿酶的作用下转化为 NH_4^+、OH^-和 HCO_3^-。与石灰施用到土壤后的反应相似，形成的 HCO_3^-最终转变为 H_2O 和 CO_2。

④稻田 CH_4 排放：水灌稻田中的土壤有机质处于厌氧环境下，会通过微生物代谢的作用和有机质矿化过程产生 CH_4，并通过稻茎的传输、扩散而释放到大气中。特定面积稻田的 CH_4 年排放量受水稻种植品种、水稻生长期和种植季数、种植前和种植期间水分状况、土壤类型、温度等诸多因素的影响。

⑤农业残留物田间焚烧产生的 CH_4 和 N_2O 排放：鉴于农业残留物燃烧产生的 CO_2 排放被随后一年内植被再生长引起的 CO_2 吸收基本抵消，只核算和报告 CH_4 和 N_2O 的排放。

⑥农用地 N_2O 排放：主要指施入农田的氮经过硝化作用和反硝化作用产生并释放到大气的 N_2O 排放。a. N_2O 直接排放，即施入农田的氮就地产生并释放到大气的 N_2O 排放；b. 农田氮挥发沉降引起的 N_2O 间接排放，即农田氮以 NH_3 或 NO_x 的形式挥发，这些气体及其转化物（NH_4^+、NO_3^-等）随后再次沉降下来，进入土壤和水中参与微生物硝化过程和反硝化过程产生的 N_2O 排放；c. 农田氮淋溶/径流引起的 N_2O 间接排放，即农田氮淋溶/径流输入水体后参与微生物反硝化过程产

生的 N_2O 排放。

⑦净购入电力和热力的隐含 CO_2 排放：该部分排放实际上发生在生产这些电力或热力的企业，但由报告主体的消费活动引起，依照约定也计入报告主体名下。

（2）畜禽规模化养殖企业

畜禽规模化养殖企业根据企业实际从事的产业活动和设施类型识别其应予核算和报告的排放源和气体种类，包括但不限于以下方面。

①化石燃料燃烧 CO_2 排放：主要指企业用于动力或热力供应的化石燃料燃烧过程产生的 CO_2 排放。

②动物肠道发酵 CH_4 排放：主要指企业所饲养的各种动物肠道内饲料在微生物作用下发酵产生的 CH_4 排放。

③粪便管理 CH_4 及 N_2O 排放：主要指企业饲养的动物产生的粪便在养殖场内进行贮存和处理过程中产生的 CH_4 和 N_2O 排放。

④CH_4 去除量：指企业通过现场回收自用、外供第三方或火炬焚毁等措施处理含 CH_4 气体从而避免排放到大气中的 CH_4 量。

⑤企业净购入电力和热力的 CO_2 排放：该部分排放实际上发生在生产这些电力或热力的企业，但由报告主体的消费活动引起，依照约定也计入报告主体名下。

4.3.4.2　项目自愿减排方法学

国家层面备案的温室气体自愿减排方法学包括以下几种。

①CMS-017-V01 在水稻栽培中通过调整供水管理实践来实现减少 CH_4 的排放：包括降低水稻土中有机质厌氧分解进而减少 CH_4 排放的技术和措施。包括在水稻生长期将水分管理由连续淹灌转换为间歇灌溉和（或）缩短淹灌时间的稻田，也包括湿润灌溉和在好氧条件下种植水稻。项目地理边界包括种植方法和水分管理发生变化的稻田。基线情景是继续现在的管理措施，例如在项目活动的稻田地块上继续水稻移栽和连续淹灌。项目排放包括稻田 CH_4 排放。

②CMS-021-V01 动物粪便管理系统 CH_4 回收：该方法学包括替代或改变养

殖场内厌氧粪便管理系统的项目活动，通过燃烧或使用回收的 CH_4 实现 CH_4 回收和利用，还包括在一个集中厂区内收集多个养殖场的粪便并进行处理。基线情景是指在没有开展项目活动的情况下，动物粪便在项目边界内厌氧消化并向大气释放 CH_4 的情况。通过事后直接测量 CH_4 的燃烧、火炬燃烧或有偿使用量确定项目活动减排量。

③CM-090-V01 粪便管理系统中的温室气体减排：此方法学适用于项目边界内由一个或多个动物粪便管理系统（Animal Waste Management Systems，AWMSs）替代原养殖场厌氧粪便管理系统并实现温室气体减排的项目，同样适用于新建养殖场。

④CMS-066-V01 现有农田酸性土壤在大豆-草的循环种植中通过接种菌的使用减少合成氮肥的使用：本方法学涵盖了在酸性农田土壤豆科-牧草轮作系统上接种根瘤菌的项目活动。如没有该项目活动，豆类作物上将施用合成氮肥作为肥料。在基线情景中，豆类和牧草都施用合成氮肥。在项目情景下，草地也施用合成氮肥，但其用量较基线情景低。

⑤CMS-074-V01 从污水或粪便处理系统中分离固体避免 CH_4 排放：本方法学包括通过去除污水或粪便污水的（挥发性）固体以避免或减少厌氧废水处理系统和厌氧粪便管理系统 CH_4 排放的技术和措施。被分离出的固体要进行进一步处理、利用或处置，以降低 CH_4 排放。

4.3.4.3 畜牧业环境统计数据

在系统分析 2019 年生态环境统计调查制度现状的基础上，逐项分析了可应用于本项目的环境统计指标。

（1）在综 201 表各地区大型养殖场畜禽养殖废弃物产生及处理利用情况中，动物粪便管理 CH_4 和 N_2O 排放两项指标可以为种养殖业非二氧化碳 MRV 体系建设提供参考数据。目前，该表统计了各地区主要畜禽在大型养殖场的饲养量、饲料使用量、用水量、固肥和液肥产生量、主要污染物产生量和排放量等数据。

（2）在基 201 表大型畜禽养殖场废弃物产生及处理利用情况与指标相关的排放源中，动物粪便管理 CH_4 和 N_2O 排放可以为种养殖业非二氧化碳 MRV 体系建设提供参考数据。目前，该表统计了各地区大型养殖场的基本信息、畜禽种类、清粪方式、饲养量、饲料用量、用水量、固肥和液肥产生量、固肥和液体肥料利用方式等数据。

4.3.4.4　污染源普查数据

在系统分析第二次全国污染源普查统计调查报表制度现状的基础上，逐项分析了可应用于本项目的环境统计指标。

（1）在 N101 表规模畜禽养殖场基本情况和规模畜禽养殖场养殖规模与粪污处理情况中，动物肠道发酵 CH_4 排放、动物粪便管理 CH_4 和 N_2O 排放两项指标可以为种养殖业非二氧化碳 MRV 体系建设提供参考数据。该表详细调查了生猪、奶牛、肉牛、蛋鸡和肉鸡等 5 种畜禽规模化养殖场的基本信息、养殖种类、清粪方式、粪便和污水处理利用方式及利用占比、各种饲养阶段饲养量、体重范围、采食量、饲养周期、饲养量、粪便污水产生量和利用量、配套种植农田情况；从建设种养殖业非二氧化碳 MRV 体系的数据需求来看，分饲养阶段的饲养量、体重范围、采食量等数据可用于动物肠道发酵 CH_4 排放因子的测算；粪便管理方式类型可用于动物粪便管理方式 CH_4 和 N_2O 排放因子的测算。

（2）在 N202 表县（区、市、旗）规模以下养殖户养殖量及粪污处理情况中，动物粪便管理 CH_4 和 N_2O 排放可以为种养殖业非二氧化碳 MRV 体系建设提供参考数据。该表以县为单位统计了规模以下的生猪、奶牛、肉牛、蛋鸡和肉鸡 5 种主要畜禽的存出栏量、清粪方式占比、固体粪便和液体粪污利用方式及占比情况，可获取规模以下分县的饲养量数据，以支撑清单编制时的核查使用。

4.3.4.5　面临挑战

根据前文分析，种养殖业企业参与自愿减排机制可能面临以下 5 个风险。

一是由于种养殖业受复杂的微生物过程影响较大的特性，为方法学的确定带来一定难度。不同于能源活动和工业部门等的温室气体排放，农业温室气体排放受地理区域、气候、土壤类型的影响较大；此外，种植业还会受到耕作方式、水分和养分管理、施肥作业、农艺实践的影响，养殖业还会受到草场管理实践、牲畜饲养方法的影响。因此，即使是相同农产品产量的农场产生的温室气体排放量也可能会有所不同。另外，随着耕作或饲养方式的变化，土壤和生物量中碳储量不会立即发生变化。例如，一个农场可能从高强度耕作（高排放相关的做法）转换为保护性耕作（低排放相关的做法），但是碳储量是随着时间的推移而缓慢地累积的，这使得农场主很难确定是否以及何时应该报告相关的变化情况。总体而言，这使得种养殖业企业的数据具有很大的不确定性，为方法学的确定增加了难度。

二是具体到农场层面的 MRV 对数据的要求较高，数据收集工作面临一定困难。正如之前提到的，具体到每一个农场的层面，农业温室气体排放量会有较大的不确定性，因此农场主需要透明地报告尽可能多的详细信息，然而受限于诸多现实因素，对数据质量和准确性要求越高，越难实现数据的收集工作。

三是现阶段企业可能缺乏主动参与温室气体减排机制的动力。种养殖业温室气体减排在中国还属于较新的概念，如果缺乏一定的培训和前期的科普，农场主或许对农场造成的排放量、如何减排、采取减排措施后的益处等方面并不了解，可能缺乏一定的主动性。

四是短期内可能给企业带来额外的经营成本。种养殖业 MRV 是一项系统性的工作，需要在企业层面委派专人负责数据整理和统计，在形成书面报告后还需要委托第三方核查机构进行信息的审核和校验，这一系列的活动都会带来额外的开支。

五是缺少部分企业层面基础数据收集统计基础。缺少水牛、山羊和绵羊等主要反刍动物的普查数据，如粪便的处理方式；同时，目前也无法获取一些关键的生产特性参数（如日增重、产奶量等）的相关数据。企业层面粪便管理等基础数据收集统计体系建设还需要系统性设计及推进。

第 5 章　种养殖业温室气体排放趋势预测

5.1　种植业温室气体排放趋势预测

5.1.1　温室气体排放相关因子

根据非 CO_2 温室气体减排技术方案的筛选，以及与非 CO_2 温室气体排放可能有关的我国种植业主要农作物（谷物：水稻、小麦和玉米）的关键统计指标进行的初步筛选，尝试设置了与非 CO_2 温室气体排放具有相关性的影响因素，具体如表 5-1 所示。

表 5-1　种植业非 CO_2 温室气体排放影响因素及相关性说明

序号	影响因素	说明
1	主要粮食作物产值	指以货币表现的主要粮食（大米、小麦和玉米等谷物）种植业生产活动在一定时期内种植生产的总规模和总成果
2	主要粮食作物播种面积	指农业生产经营者应在日历年度内收获农作物在全部土地（耕地或非耕地）上的播种或移植面积
3	水稻种植面积	指农业生产经营者在日历年度内种植水稻的面积（含单季稻和双季稻）
4	主要粮食作物产量	指农业生产经营者在日历年度内生产的全部粮食数量
5	主要农产品单位面积产量	指在日历年度内单位种植面积主要农产品的产出量

序号	影响因素	说明
6	耕地灌溉面积	指具有一定的水源，地块比较平整，灌溉工程或设备已经配套，在一般年景下能够进行正常灌溉的耕地面积。在一般情况下，耕地灌溉面积应等于灌溉工程或设备已经配套，能够进行正常灌溉的水田和水浇地面积之和
7	化肥总用量	指本年内实际用于农业生产的化肥数量，包括氮肥、磷肥、钾肥和复合肥
8	氮肥施用量	指本年内实际用于农业生产的氮肥施用量
9	复合肥施用量	指本年内实际用于农业生产的复合肥施用量

5.1.2　历年统计状况及分析

本书中参考引用的数据来自《中国统计年鉴》，但 2001—2004 年数据缺失，暂未列出。对种植业非 CO_2 温室气体排放相关农业指标，具体选取主要粮食作物数据进行分析，主要粮食作物为谷物，包括水稻、小麦和玉米。其中，水稻种植是 CH_4 主要的来源。在以下相关指标中进行了单独分析。

5.1.2.1　产值情况

在主要农作物（水稻、小麦和玉米等谷物）生产产值数据方面，选取了 2000—2016 年数据进行分析，数据来源于《中国统计年鉴》。具体产值数据及历年变化趋势如表 5-2 和图 5-1 所示。

表 5-2　主要农作物生产产值

年份	种植业总产值/亿元	年份	种植业总产值/亿元
2000	13 873.6	2011	41 988.6
2005	19 613.4	2012	46 940.5
2006	21 522.3	2013	51 497.4
2007	24 658.1	2014	54 771.5
2008	28 044.2	2015	57 635.8
2009	30 777.5	2016	59 287.8
2010	36 941.1		

从图 5-1 可以看出，主要农作物生产产值在 2005—2016 年逐年上升，呈线性增长趋势。

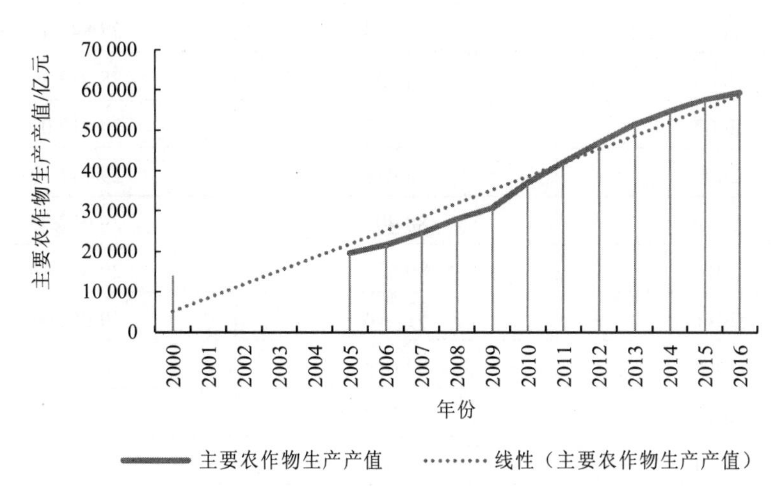

图 5-1　主要农作物生产产值数据历年变化趋势

5.1.2.2　种植面积情况

在主要农作物（水稻、小麦和玉米等谷物）种植面积数据方面，选取了 2000—2016 年数据进行分析，数据来源于《中国统计年鉴》。由于水稻是种植业 CH_4 排放关键因素，在此单列出水稻种植面积。

具体种植面积数据及历年变化趋势如表 5-3、图 5-2 和图 5-3 所示。

表 5-3　主要农作物种植面积　　单位 10^3 hm^2

年份	主要农作物种植总面积	水稻种植面积
2000	85 264	29 961.89
2001		28 812.40
2002		28 202.00
2003		26 508.00

年份	主要农作物种植总面积	水稻种植面积
2004		28 378.70
2005	81 874	28 847.40
2006	84 931	28 937.89
2007	85 777	28 919.00
2008	86 248	29 241.10
2009	88 401	29 627.00
2010	89 851	29 873.40
2011	91 016	30 057.04
2012	92 612	30 137.11
2013	93 769	30 311.75
2014	94 603	30 309.87
2015	95 636	30 215.70
2016	94 394	30 199.57

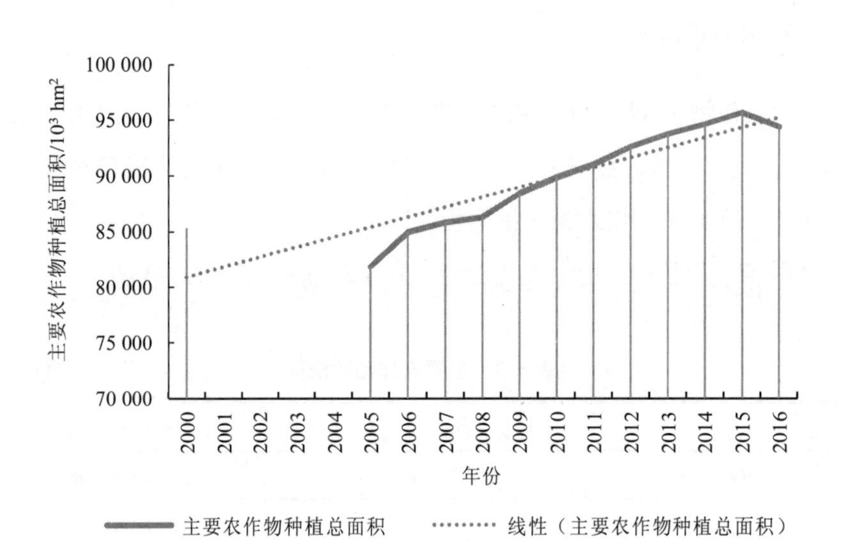

图 5-2　主要农作物种植总面积历年变化趋势

从图 5-2 可以看出，主要农作物种植面积在 2005—2016 年的变化趋势为线性增长趋势。

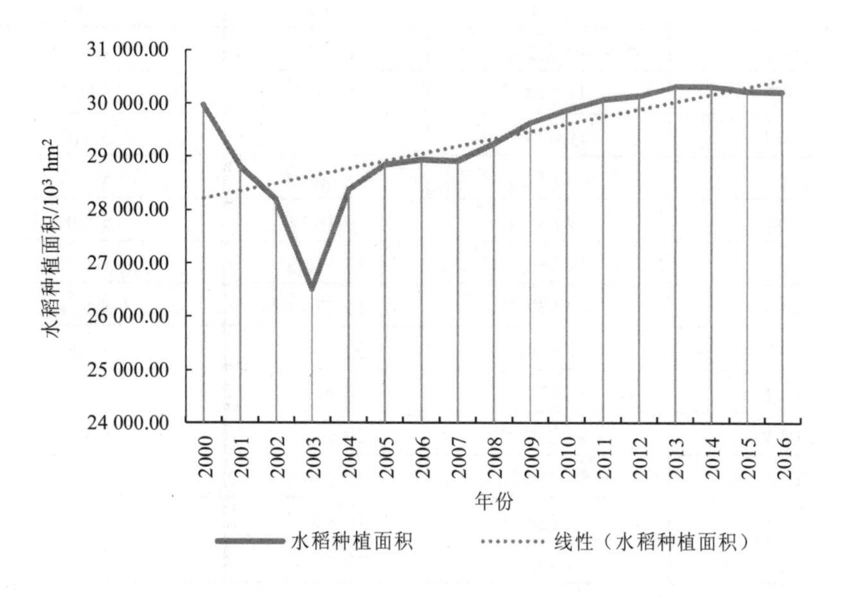

图 5-3　水稻种植面积历年变化趋势

从图 5-3 可以看出，2005—2016 年，水稻种植面积持续上升，符合线性变化趋势。

5.1.2.3　产量情况

在主要农作物（水稻、小麦和玉米等谷物）产量数据方面，选取了 2000—2016 年数据进行分析，数据来源于《中国统计年鉴》。由于水稻是种植业 CH_4 排放关键因素，在此单列出稻谷产量。

具体产量数据及历年变化趋势如表 5-4、图 5-4 和图 5-5 所示，单位面积产量历年变化趋势如图 5-6 所示。

表 5-4　主要农作物产量

年份	主要农作物总产量/万 t	稻谷产量/万 t	主要农作物单位面积产量/（kg/hm^2）
2000	40 522.4	18 790.8	4 753
2005	42 776.0	18 058.8	5 225
2006	45 099.2	18 171.8	5 310
2007	45 632.4	18 603.4	5 320
2008	47 847.4	19 189.6	5 548
2009	48 156.3	19 510.3	5 447
2010	49 637.1	19 576.1	5 524
2011	51 939.4	20 100.1	5 707
2012	53 934.7	20 423.6	5 824
2013	55 269.2	20 361.2	5 894
2014	55 740.7	20 650.7	5 892
2015	57 228.1	20 822.5	5 984
2016	56 538.1	20 707.5	5 990

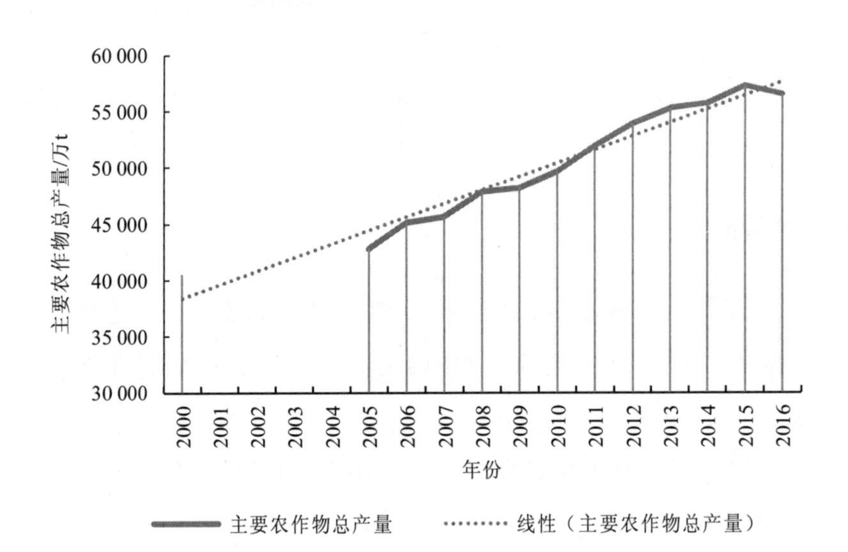

图 5-4　主要农作物总产量历年变化趋势

从图5-4可以看出，2005—2016年，主要农作物总产量呈线性上升趋势。

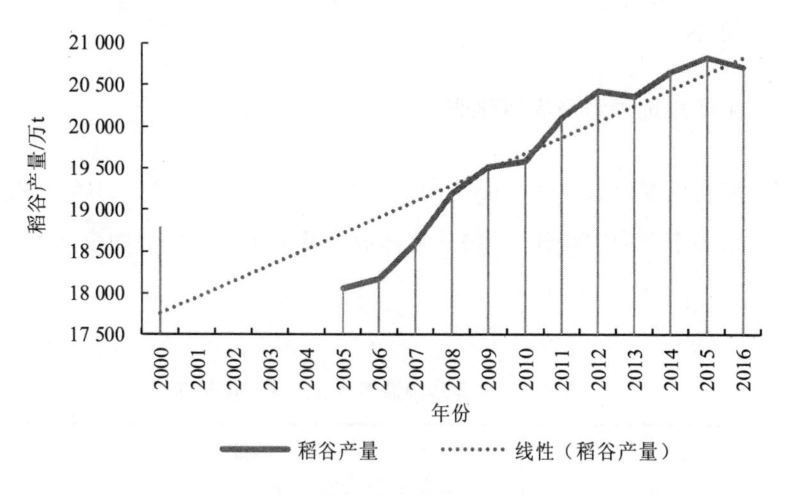

图5-5 稻谷历年产量变化趋势

从图5-5可以看出，2005—2016年，稻谷产量呈线性上升趋势。

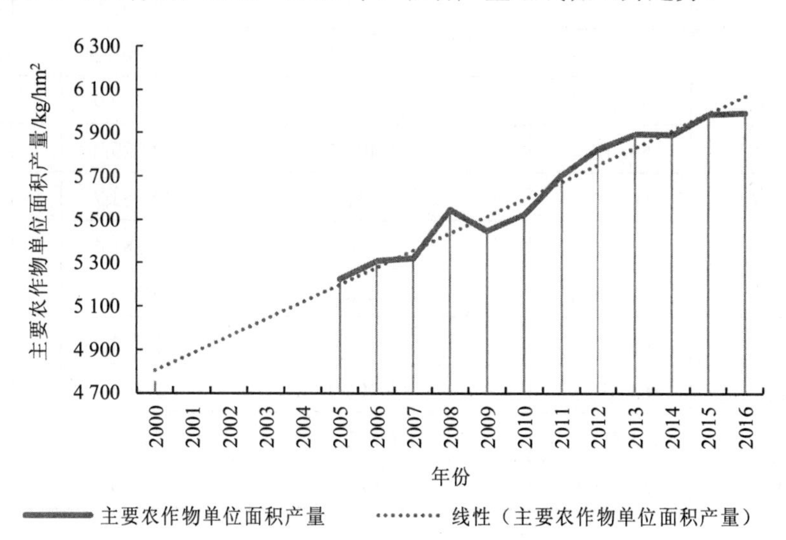

图5-6 主要农作物单位面积产量变化趋势

从图 5-6 可以看出，2005—2016 年，主要农作物单位面积产量持续上升，呈线性上升趋势。

5.1.2.4 主要耕地灌溉及农用化肥施用量情况

在主要耕地灌溉及农用化肥施用数据方面，选取了 2000—2016 年数据进行分析，数据来源于《中国统计年鉴》。具体数据及历年变化趋势如表 5-5、图 5-7、图 5-8 所示。

表 5-5 主要耕地灌溉及农用化肥施用量

年份	主要耕地灌溉面积/10^3 hm^2	化肥总用量（含氮肥、磷肥、钾肥与复合肥）/万 t	氮肥施用量/万 t	复合肥施用量/万 t
2000	53 820.3	4 146.4	2 161.5	917.9
2005	55 029.3	4 766.2	2 229.3	1 303.2
2006	55 750.5	4 927.7	2 262.5	1 385.9
2007	56 518.3	5 107.8	2 297.2	1503
2008	58 471.7	5239	2 302.9	1 608.6
2009	59 261.4	5 404.4	2 329.9	1 698.7
2010	60 347.7	5 561.7	2 353.7	1 798.5
2011	61 681.6	5 704.2	2 381.4	1 895.1
2012	62 490.5	5 838.8	2 399.9	1990
2013	63 473.3	5 911.9	2 394.2	2 057.5
2014	64 539.5	5 995.9	2 392.9	2 115.8
2015	65 872.6	6 022.6	2 361.6	2 175.7
2016	67 140.6	5 984.1	2 310.5	2 207.1

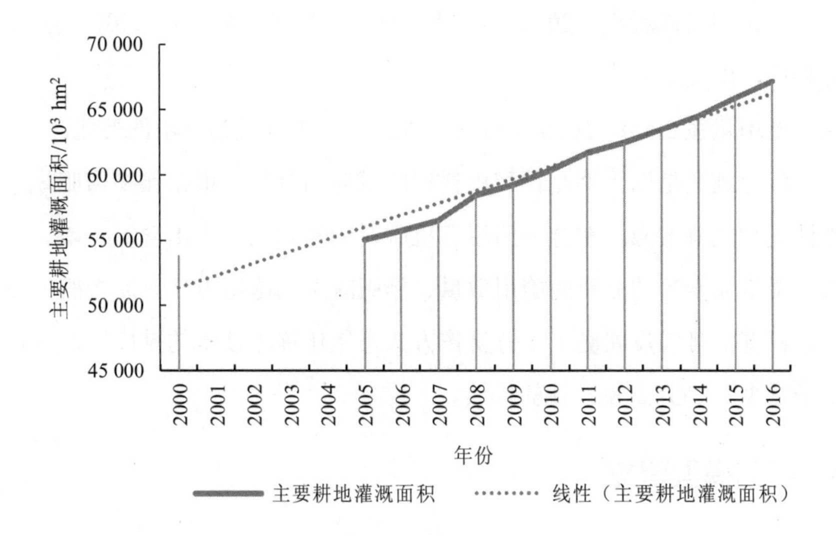

图 5-7　主要耕地灌溉数据历年变化趋势

从图 5-7 可以看出，2005—2016 年，主要耕地灌溉面积历年持续上升。

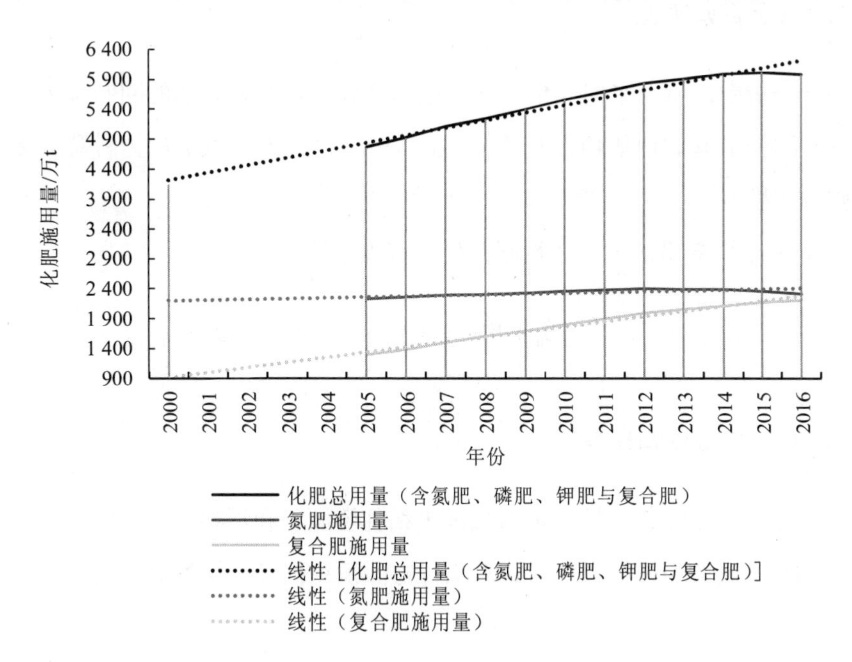

图 5-8　化肥总用量、氮肥施用量、复合肥施用量历年数据变化趋势

从图 5-8 中可以看出，2014 年开始，化肥总用量结束了从 2000 年开始的持续上升趋势，出现了下降。

氮肥施用量在 2000—2016 年持续平稳，没有出现较为突出的变化。

测土配方施肥是以土壤测试和肥料田间试验为基础，根据作物需肥规律、土壤供肥性能和肥料效应，在合理施用有机肥料的基础上，提出含氮、磷、钾及中量元素、微量元素等的肥料的施用数量、施肥时期和施用方法。复合肥的变化趋势在一定程度上可以反映测土配方耕作方式及优化施肥技术的推广情况。优化施肥有助于减少非 CO_2 温室气体的排放。

5.1.3 回归模型建立

本书尝试通过建立非 CO_2 温室气体排放的多元回归模型，建立被解释变量非 CO_2 温室气体与表 5-6、表 5-8 中的解释变量之间的相关关系。

5.1.3.1 多元回归模型

统计分析中，将一个因变量与两个或两个以上自变量之间的回归称为多元回归，描述因变量 y 如何依赖自变量 x_1，x_2，…，x_m 和误差项 ε 的方程称为多元线性回归方程模型。

涉及 m 个自变量的多元线性回归模型可表示为：

$$y = \beta_0 + \beta_1 x_1 + \beta_2 x_2 + \cdots + \beta_m x_m + \varepsilon \tag{5-1}$$

5.1.3.2 CH_4 排放回归模型

从前文中可发现 CH_4 排放量与我国水稻种植面积和稻谷产量存在相关关系。拟建立 CH_4 排放量为被解释变量、水稻种植面积和稻谷产量为解释变量的二元回归模型。

回归模型为：

$$y = \beta_0 + \beta_1 x_1 + \beta_2 x_2 + \varepsilon \tag{5-2}$$

对此回归模型，采用 2005—2016 年数据，具体数据信息如表 5-6 所示。

表 5-6　CH_4 排放回归模型数据信息

年份	CH_4 排放量/10^3 hm^2	水稻种植面积/10^3 hm^2	稻谷产量/万 t
2005	5 066.468 9	28 847.40	18 058.8
2006	5 082.361 6	28 937.89	18 171.8
2007	5 079.044 0	28 919.00	18 603.4
2008	5 135.614 4	29 241.10	19 189.6
2009	5 203.390 0	29 627.00	19 510.3
2010	5 246.665 2	29 873.40	19 576.1
2011	5 278.917 9	30 057.04	20 100.1
2012	5 292.980 6	30 137.11	20 423.6
2013	5 323.652 7	30 311.75	20 361.2
2014	5 323.322 5	30 309.87	20 650.7
2015	5 306.783 4	30 215.70	20 822.5
2016	5 303.950 7	30 199.57	20 707.5

通过 Office Excel 2016 进行回归分析，得到分析结果，具体分析如表 5-7 所示。

表 5-7 CH_4排放二元回归分析结果

回归统计						
相关系数 R	1					
R^2	1					
校正后 R^2	1					
标准误差	$3.456\ 39\times10^{-5}$					
观测值	12					
方差分析						
	df	SS	MS	F	Significance F	
回归分析	2	115 287.7	57 643.87	4.83×10^{13}	2.31×10^{-59}	
残差	9	1.08×10^{-8}	1.19×10^{-9}			
总计	11	115 287.7				
回归值		标准误差	t 值	P 值	下限 95%	上限 95%
截距	0.001 195 392	0.001 39	0.859 756	0.412 239	−0.001 95	0.004 341
变量 1	0.175 629 933	7.43×10^{-8}	2 363 865	2.21×10^{-54}	0.175 63	0.175 63
变量 2	$4.010\ 15\times10^{-8}$	4.36×10^{-9}	0.919 146	0.381 993	-5.9×10^{-8}	1.39×10^{-7}

从表 5-7 可以看出，R^2=1，多元回归拟合效果较好。CH_4 排放量与水稻种植面积和稻谷产量存在极强线性正相关关系。水稻种植面积和稻谷产量的增加将导致 CH_4 排放量增加。通过回归拟合得到的回归方程为：

$$y = 0.001195 + 0.175\,629x_1 + 4.010\,15 \times 10^{-8} x_2 \qquad (5\text{-}3)$$

5.1.3.3　N_2O 排放回归模型

从前文中可看出 N_2O 排放量与化肥总用量、主要农作物总产量和主要农作物种植面积存在相关关系。拟建立 N_2O 排放量为被解释变量，化肥总用量、主要农作物总产量和主要农作物种植面积为解释变量的三元回归模型。

回归模型为：

$$y = \beta_0 + \beta_1 x_1 + \beta_2 x_2 + \beta_3 x_3 + \varepsilon \qquad (5\text{-}4)$$

对此回归模型，采用 2005—2015 年数据，具体数据信息如表 5-8 所示。

表 5-8　N_2O 排放回归模型数据信息

年份	N_2O 排放量/10^3 t	化肥总用量（含氮肥、磷肥、钾肥与复合肥）/万 t	主要农作物种植面积/10^3 hm^2	主要农作物总产量/万 t
2005	553.715 9	4 766.2	81 874	42 776.0
2006	566.311 0	4 927.7	84 931	45 099.2
2007	581.582 1	5 107.8	85 777	45 632.4
2008	590.024 7	5 239.0	86 248	47 847.4
2009	601.837 4	5 404.4	88 401	48 156.3
2010	613.650 2	5 561.7	89 851	49 637.1
2011	626.055 2	5 704.2	91 016	51 939.4
2012	637.806 9	5 838.8	92 612	53 934.7
2013	641.315 3	5 911.9	93 769	55 269.2
2014	645.074 2	5 995.9	94 603	55 740.7
2015	642.722 8	6 022.6	95 636	57 228.1

通过 Office Excel 2016 进行回归分析，得到分析结果，具体分析如表 5-9 所示。

表 5-9 N_2O 排放三元回归分析结果

回归统计						
相关系数 R	0.998 376 476					
R^2	0.996 755 587					
校正后 R^2	0.995 365 125					
标准误差	2.223 502 491					
观测值	11					
方差分析						
	df	SS	MS	F	Significance F	
回归分析	3	10 632.27	3 544.089	716.851 8	4.52×10^{-9}	
残差	7	34.607 74	4.943 963			
总计	10	10 666.87				
	回归值	标准误差	t 值	P 值	下限 95%	上限 95%
截距	251.989 917 2	60.887 25	4.138 632	0.004 357	108.014 5	395.965 4
变量 1	0.095 516 934	0.012 825	7.447 924	0.000 143	0.065 191	0.125 842
变量 2	–0.001 570 823	0.001 563	–1.005 05	0.348 342	–0.005 27	0.002 125
变量 3	–0.000 545 6	0.001 075	–0.507 44	0.627 437	–0.003 09	0.001 997

从表 5-9 可以看出，R^2=0.996 8，多元回归拟合效果较好。N_2O 排放量与化肥总用量存在正相关关系，与主要农作物种植面积和主要农作物总产量存在负相关关系。从分析可以看出，化肥施用是引起 N_2O 排放的主要因素，种植面积和主要农作物总产量与 N_2O 排放量呈现的负相关关系可能与我国退耕还林工作和农耕技术提升以及稻谷品种改良优化有关。通过回归拟合得到的回归方程为：

$$y = 251.989\,917 + 0.095\,517x_1 - 0.001\,571x_2 - 0.000\,546x_3 \quad (5\text{-}5)$$

5.1.4　预测结果

估算到 2030 年，稻田 CH_4 排放量将达到 1.07 亿 tCO_2 当量，占非 CO_2 温室气体排放总量的 4%。对 2020 年及 2030 年的中国稻田 CH_4 排放量的预估采用基于 CH_4MOD 模型的方法。

在水稻种植面积不变的假定下，全国稻谷产量和稻田 CH_4 排放量（不包括冬水田休田期排放量）在 2020 年分别为 210.3×10^6 t 和 7.70×10^6t，在 2030 年分别为 223.7×10^6 t 和 8.03×10^6 t（如图 5-9 所示）。假设冬水田休田期排放保持 2010 年水平，则 2020 年和 2030 年的总排放量分别为 8.78×10^6 t 和 9.11×10^6 t。不同地区间的差异也比较大，这种区域间的差异不仅表现在不确定性范围大小的不同，更因为东北地区由于未来气温可能显著升高，其稻田 CH_4 排放量有可能表现为显著增加，而华东地区和西南地区稻田 CH_4 排放量不确定性范围与基线情景相比，减少的可能性更明显。

农田施肥 N_2O 排放是中国非 CO_2 温室气体较大的排放源之一。在现有政策框架下，预计到 2030 年，农田施肥 N_2O 排放量将达到 4.06 亿 tCO_2 当量，约占中国非 CO_2 温室气体排放总量的 14%，存在减排潜力。如果国家自主贡献文件中的目标能够达到，并且中国到 2020 年实现化肥零增长，那么到 2030 年中国的减排潜力将达到 3 700 万 tCO_2 当量/a。

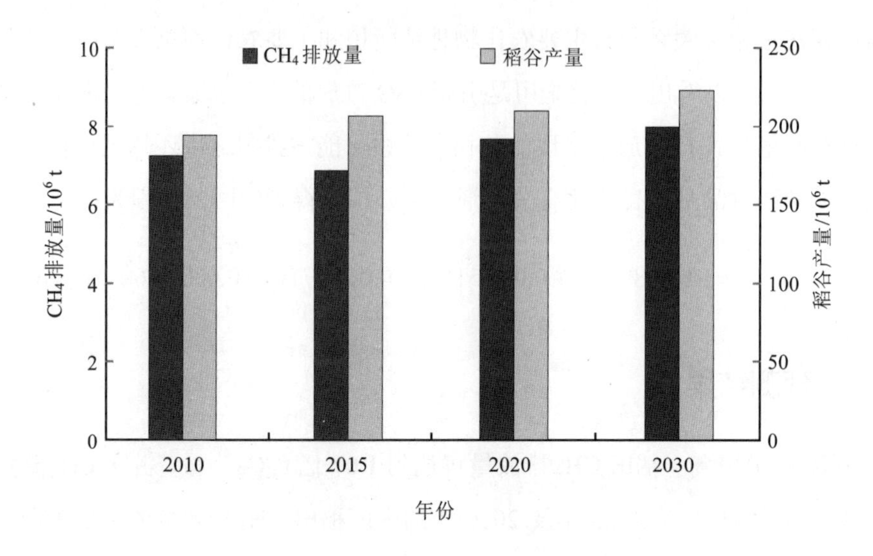

图 5-9 2020 年和 2030 年中国稻田 CH_4 排放量

采用区域氮循环模型 IAP-N 来估算农用地 N_2O 排放量。该模型是建立在 IPCC 方法基础上的。农用地 N_2O 排放量等于各排放过程的氮输入量乘以其相应的 N_2O 排放因子后的加和。

2020 年和 2030 年农用地 N_2O 排放量增加比较缓慢，分别为 4.45 亿 tCO_2 当量和 4.46 亿 tCO_2 当量（如表 5-10 所示），主要由于人口增加速度减缓，农作物播种面积以及肥料消费量增加放缓。总体单位种植面积 N_2O 排放通量在缓慢下降，由 2010 年的 6.26 kg N_2O/hm^2，降到 2030 年的 6.03 kg N_2O/hm^2。如果目前国家倡导的化肥零增长、测土配方施肥计划以及畜禽粪便资源化利用能够广泛实施，中国 2020 年和 2030 年农用地 N_2O 排放量会在此预测基础上降低 10%～20%。

表 5-10　中国农用地 N_2O 排放现状和预估结果　单位：万 t

排放类别	子类别	气体种类	2010 年	2015 年	2030 年预估
农用地	直接排放	N_2O	110.27	111.02	114.72
	其中：放牧	N_2O	7.61	7.64	7.63
	间接排放	N_2O	25.84	26.18	26.88
	其中：大气氮沉降引起	N_2O	17.55	17.83	18.23
	氮淋溶/径流引起	N_2O	8.29	8.35	8.65
农业废弃物田间焚烧		N_2O	0.77	0.61	0.19
总计		N_2O 排放量	136.88	137.81	141.79
		N_2O 排放量/亿 tCO_2 当量	4.33	4.36	4.46

5.2　养殖业温室气体排放趋势预测

5.2.1　宏观背景情况

中国是一个发展中国家。2030 年前，中国国内生产总值年均增长率如果在 5%～7%，则 2030 年人均 GDP 仍可能低于 1.5 万美元，相应的能源消费与温室气体排放还将持续增长。未来影响温室气体排放量增加的主要因素还涉及以下几个方面。

①产业结构：中国目前处于后工业化时期，但第二产业能耗比重仍然偏大。通过产业转型升级，抑制高耗能产业快速增长，产业结构不断优化调整。在确保第一产业比重保持稳定的基础上，第三产业的比重将不断提高，第二产业比重将相应下降。

②人口增长与居民消费：2000—2015 年，中国人口年均增长超过 700 万人，城镇化率每年提高 1.3 个百分点。在 2030 年之前，中国处于城镇化快速发展期，并且中国人口还将缓慢持续增长。随着人口规模增长、城镇化水平提高以及人民

生活水平不断改善，中国未来人均生活能源消费、生活能源消费总量将持续提高。

③技术水平：2000—2015 年，尽管中国单位国内生产总值能耗已经有了较大幅度下降，但中国高能耗产品的单位产品能耗总体高于国际先进水平。2030 年之前，可通过鼓励增加研发投入和加强技术革新，抓好除工业、建筑和交通以外的农业的减排技术创新应用，推广先进节能技术和产品措施，大力推进节能降耗。

2015 年，中国政府向联合国提交了国家自主贡献文件，提出中国二氧化碳排放 2030 年左右达到峰值并争取尽早达峰、单位国内生产总值二氧化碳排放比 2005 年下降 60%～65%。

“十二五”期间，中国明确提出以节肥技术推广为工作重点，通过减量化、再利用、资源化等方式，降低能源消耗，减少污染排放，提升农业可持续发展能力。中央财政设专项支持规模养殖场进行标准化改造，建设贮粪池、排粪污管网等粪污处理配套措施，降低畜牧业温室气体排放。

5.2.2 影响因素分析

一般认为，养殖业温室气体排放来自乡村人口和养殖业产值及产量的贡献。其中，乡村人口对我国养殖业碳排放影响最大。牲畜养殖规模的扩大会导致养殖业产值的增加，从而增加碳排放。有资料显示，居民消费水平和城镇化水平对养殖业碳排放有降低性影响，其中居民消费水平对排放量降低的影响更大。城镇化水平的提高对养殖业碳排放的减少主要表现在：①城镇人口的比例增加、乡村人口的比例减少，在农村从事养殖业的人数减少，使得养殖业温室气体排放也相应地减少。②随着经济的发展，城镇的工资水平高于乡村，且城乡工资差距不断扩大，使得务工人员增加，农户小规模养殖相应减少，减少了农户养殖产生的温室气体排放。③城镇化水平提高，有利于引进外来资金和技术，在帮助养殖业集约化和规模化建设的同时，也有助于提高养殖业生产效率，降低温室气体排放强度，减少了温室气体排放。

5.2.2.1　中国人口数量

中国人口数量历年变化情况如表 5-11 所示。

表 5-11　历年我国人口数量变化情况

年份	总人口/10^7 人	年份	总人口/10^7 人
2000	126.74	2009	133.45
2001	127.63	2010	134.09
2002	128.45	2011	134.74
2003	129.23	2012	135.40
2004	129.99	2013	136.07
2005	130.76	2014	136.78
2006	131.45	2015	137.46
2007	132.13	2016	138.27
2008	132.80	2017	139.01

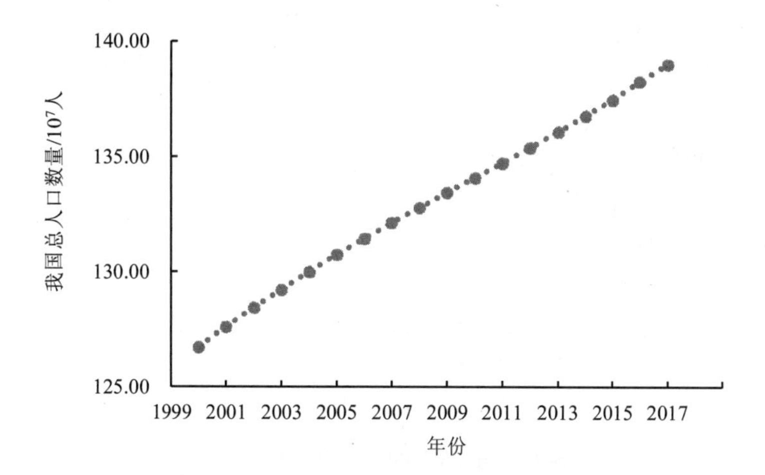

图 5-10　历年我国人口数量变化情况示意

从图 5-10 可以看出，2000—2017 年，我国人口数量呈明显上升趋势。

5.2.2.2 养殖业产值

养殖业产值历年变化情况如表 5-12 所示。

表 5-12 历年养殖业产值变化情况

年份	养殖业产值/亿元	年份	养殖业产值/亿元
2000	7 393.10	2009	19 184.60
2001	7 963.10	2010	20 461.10
2002	8 454.60	2011	25 194.20
2003	9 538.80	2012	26 491.20
2004	12 173.80	2013	27 572.40
2005	13 310.80	2014	27 963.40
2006	12 083.90	2015	28 649.30
2007	16 068.60	2016	30 461.20
2008	20 354.20	2017	29 361.20

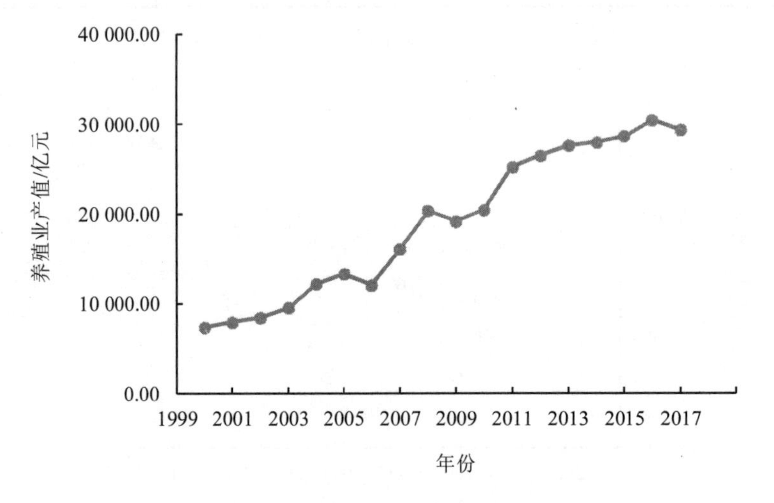

图 5-11 历年养殖业产值变化情况示意

从图 5-11 可以看出，2000—2017 年，我国养殖业产值呈明显上升趋势。

5.2.2.3　畜产品产量

2000—2017 年我国畜产品产量（肉、乳和蛋）变化情况如表 5-13 所示。

表 5-13　历年畜产品产量变化情况

年份	畜产品产量/万 t	年份	畜产品产量/万 t
2000	9 287.80	2009	14 069.92
2001	9 793.49	2010	14 436.53
2002	10 449.60	2011	14 579.95
2003	11 388.20	2012	14 663.20
2004	12 336.90	2013	14 657.20
2005	13 487.40	2014	15 024.70
2006	12 815.51	2015	15 091.10
2007	13 028.08	2016	14 962.70
2008	13 762.39	2017	14 899.30

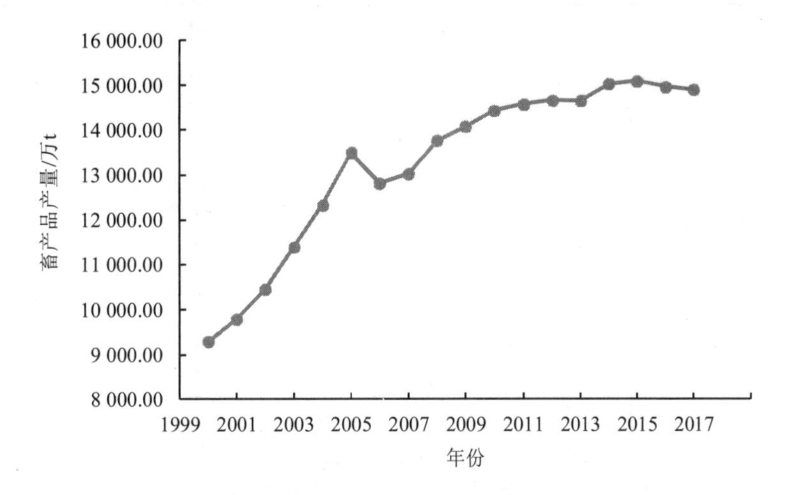

图 5-12　历年畜产品产量情况示意

从图 5-12 可以看出，2000—2017 年，我国畜产品产量（肉、乳和蛋）呈上升趋势。

5.2.2.4 城镇人口数量

2000—2017 年我国城镇人口数量变化情况如表 5-14 所示。

表 5-14 历年城镇人口数量变化情况

年份	城镇人口数量/万人	年份	城镇人口数量/万人
2000	45 906	2009	64 512
2001	48 064	2010	66 978
2002	50 212	2011	69 079
2003	52 376	2012	71 182
2004	54 283	2013	73 111
2005	56 212	2014	74 916
2006	58 288	2015	77 116
2007	60 633	2016	79 298
2008	62 403	2017	81 347

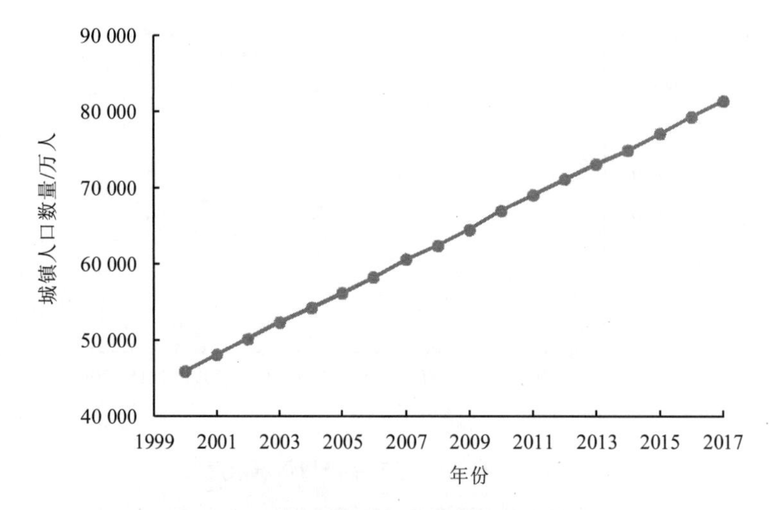

图 5-13 历年城镇人口数量变化情况示意

从图 5-13 可以看出，2000—2017 年，我国城镇人口数量持续保持增长。

5.2.2.5　城镇人口年人均可支配收入

2000—2017 年我国城镇人口年人均可支配收入变化情况如表 5-15 所示。

表 5-15　城镇人口年人均可支配收入变化情况

年份	城镇人口年人均可支配收入/元	年份	城镇人口年人均可支配收入/元
2000	6 280.00	2009	17 174.70
2001	6 859.60	2010	19 109.40
2002	7 702.80	2011	21 809.80
2003	8 472.20	2012	24 564.70
2004	9 421.60	2013	26 467.00
2005	10 493.00	2014	28 843.90
2006	11 759.50	2015	31 194.80
2007	13 785.80	2016	33 616.20
2008	15 780.80	2017	36 396.20

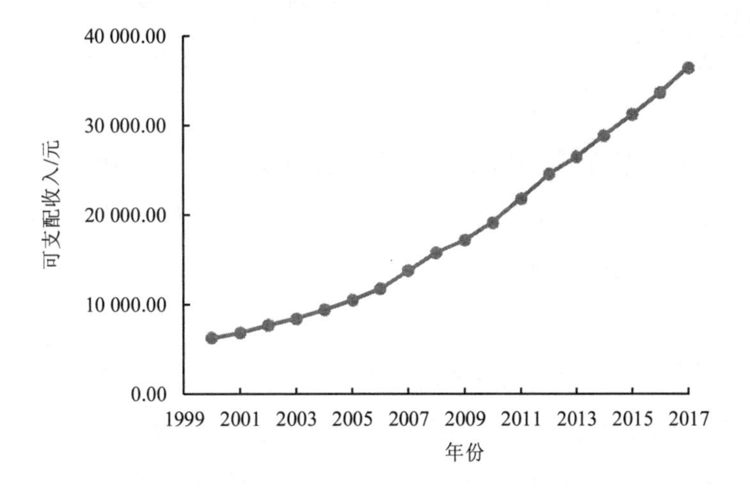

图 5-14　城镇人口年人均可支配收入变化情况示意

从图 5-14 可以看出，2000—2017 年，我国城镇人口年人均可支配收入持续保持增长。

从以上分析可以看出，我国养殖业 2000—2017 年非 CO_2 温室气体（CH_4 和 N_2O）排放从 2005 年以后保持稳定；但是，我国人口数量、畜产品产值、畜产品产量、城镇人口数量、城镇人口年人均可支配收入等相关因素均呈上升趋势。从具体养殖动物种类分析，反刍动物肠道 CH_4 排放主要动物为水牛、奶牛和肉牛。水牛和奶牛的历年肠道 CH_4 排放量呈现持续上升趋势，而肉牛的 CH_4 排放量呈现下降趋势；水牛、奶牛以及生猪粪便 CH_4 排放量历年变化不大，而肉牛粪便 CH_4 排放量明显下降。由于肉牛 CH_4 排放量占总 CH_4 排放量比例较大，直接导致了 2000—2017 年总 CH_4 排放量出现下降趋势，最终保持在 2005 年水平。粪便 N_2O 排放中，占比较大的肉牛粪便 N_2O 排放量存在较为明显的下降，而生猪粪便 N_2O 排放量历年变化不大。综上分析，虽然人口数量、城镇人口数量、畜产品产值以及畜产品产量均呈上升趋势，但总体温室气体历年排放量呈下降和趋稳态势。

5.2.3　分析预测

经过以上分析，我国目前养殖业温室气体排放总体呈平稳趋势。肉牛的肠道 CH_4 以及粪便 N_2O 排放明显下降，生猪的粪便 CH_4 以及粪便 N_2O 排放保持平稳。这可能是由于我国肉牛养殖模式从散养向集中养殖模式转变，加上生猪规模化养殖中粪便管理水平的提升，使得温室气体排放增量下降，这些因素的综合和畜产品产量导致了目前养殖业温室气体排放出现平稳趋势。但是，未来我国畜产品产量必然随着人口需求的增加而增加，势必导致养殖量的增加，温室气体将以较为平稳的速率出现上升趋势。

而排放量上升的主要贡献将来源于我国对乳类和肉类的需求量增加。在此主要研究乳类和肉类人均消费量的增加导致的奶牛肠道 CH_4 排放量增加，以及肉牛、猪粪便 CH_4 和 N_2O 排放量的增加。以乳制品消费预测量峰值为增量的一项关键因子，以肉制品消费预测量峰值为另一项关键因子，在目前养殖业温室气体排放水平基础上进行未来增量以及 2030 年峰值预测。

一般而言，在畜产品生产技术稳定、排除疫病等不可控因素外，人们对乳类和肉类的需求将直接引起养殖量的增加，势必导致排放量的增加。

通过调查 2005—2007 年乳类的人均消费量与奶牛导致的排放量（肠道 CH_4、粪便 CH_4 以及粪便 N_2O 排放量）的关系，以及人均肉类消费量与牲畜养殖排放量（肠道 CH_4、粪便 CH_4 以及粪便 N_2O 排放量）的关系，发现上述两对变量的发展趋势具有较强的一致性。根据灰色关联度分析，通过对历史数据曲线的几何形状判断，如果几何形状越接近，则两个变量的发展变化态势越接近，关联程度越大，故可以根据年人均乳肉消费量发展态势，大致预测乳肉作为主要产品的养殖业的温室气体排放量。

根据 FAO 出版的 *Prospects for food and nutrition* 中主要国家食品消费变化的预测，2030 年发展中国家、向工业国转型国家以及工业国家的乳类和肉类的年人均消费量具体如表 5-16 所示。

表 5-16　2030 年乳肉消费变化预测　　单位：kg/（人·a）

类别	发展中国家消费量	向工业国转型国家	工业国家
乳类	67	179	223
肉类	38	59	99

以上乳肉人均消费量预测数据可以作为预测未来年份（到 2030 年）排放量的依据。

5.2.3.1　基于人均乳类消费的排放预测分析

人均乳类消费量与奶牛养殖引起的温室气体排放量数据如表 5-17 所示，两者之间的趋势变化如图 5-15 所示。

表 5-17 我国 2000—2017 年人均乳类消费量与温室气体排放量

年代	奶牛养殖温室气体排放量合计/ 10^9 gCO_2 当量	总人口/ 10^7 人	乳类产量/万 t	人均乳类消费量/［g/（人·a）］
2000	8 421.078 9	126.74	919.10	7 251.68
2001	8 571.223 9	127.63	1 122.89	8 798.22
2002	9 907.629 8	128.45	1 400.40	10 902.04
2003	11 997.882 1	129.23	1 848.60	14 305.06
2004	15 543.961 1	129.99	2 368.40	18 220.14
2005	19 244.058 0	130.76	2 864.83	21 909.70
2006	21 313.677 1	131.45	3 302.46	25 123.74
2007	21 847.263 1	132.13	3 633.38	27 498.71
2008	21 408.481 5	132.80	3 781.45	28 474.37
2009	21 156.972 4	133.45	3 677.70	27 558.64
2010	21 446.609 7	134.09	3 747.96	27 950.85
2011	21 252.204 8	134.74	3 810.69	28 282.83
2012	21 097.075 0	135.40	3 306.70	24 420.99
2013	21 014.579 0	136.07	3 118.90	22 920.95
2014	21 708.086 7	136.78	3 276.50	23 954.18
2015	20 496.628 3	137.46	3 295.50	23 973.90
2016	21 980.198 3	138.27	3 173.90	22 954.20
2017	20 765.057 0	139.01	3 148.60	22 650.49

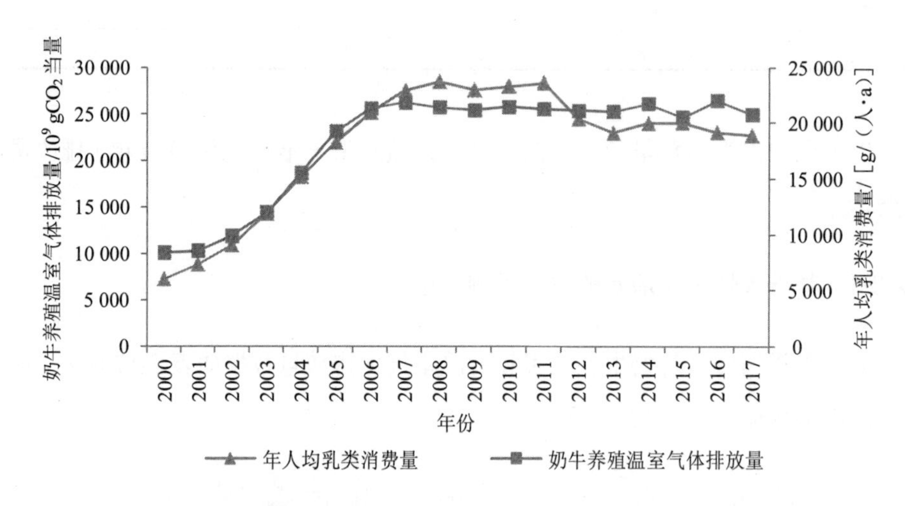

图 5-15 年人均乳类消费量与奶牛养殖温室气体排放量增长趋势示意

由于乳类的人均消费量增加会引起排放量的增加，以 FAO 对 2030 年乳类人均消费量的预测值作为目标值，通过计算人均消费量的增长率可以预测 2030 年的温室气体排放量。计算如表 5-18 所示。

表 5-18 分析计算表

2005—2017 年平均排放量/10^9 g	2005—2017 年年人均消费量/[g/（人·a）]	2030 年乳类人均消费预测值/[g/（人·a）]*	人均乳类消费绝对增加值/[g/（人·a）]	2018—2030 年年人均增长量/[g/（人·a）]	预计平均增长率*
21 133.145 5	25 205.657 4	67 000	41 794.342 6	3 214.949 4	0.127 5

注：①预计平均增长率为 2018—2030 年年人均增长量与 2005—2017 年年人均消费量的比值。以此增长量预测 2030 年乳类人均消费量。②由于我国人民饮食习惯不同于西方国家，目标值取发展中国家水平。

通过计算，得出 2018—2030 年各年由于乳类人均消费量增加引起的温室气体排放量变化以及 2030 年温室气体排放量。具体如表 5-19 所示。

表 5-19 2030 年预测排放量

年份	排放量/10^9 g	年份	排放量/10^9 g
2018	23 828.651 2	2025	55 213.678 6
2019	26 867.965 2	2026	62 256.112 8
2020	30 294.939 9	2027	70 196.800 5
2021	34 159.020 8	2028	79 150.312 7
2022	38 515.960 3	2029	89 245.834 1
2023	43 428.621 8	2030	100 629.026 3
2024	48 967.887 1		

5.2.3.2 基于人均肉类消费的排放预测分析

人均肉类消费量与产肉牲畜养殖引起的温室气体排放量数据如表 5-20 所示，两者之间的趋势变化如图 5-16 所示。

表 5-20 2000—2017 年人均肉类消费量与温室气体排放量

年份	产肉牲畜温室气体排放量合计/10^9 gCO_2 当量	总人口/10^7 人	肉类产量/万 t	人均肉类消费量/[g/（人·a)]
2000	182 759.929 7	126.74	6 125.40	48 329.296 3
2001	177 438.211 6	127.63	6 333.90	49 628.213 5
2002	170 040.200 5	128.45	6 586.50	51 275.563 8
2003	165 997.701 6	129.23	6 932.90	53 649.005 2
2004	163 516.555 8	129.99	7 244.80	55 734.375 5
2005	160 258.178 5	130.76	7 743.09	59 217.850 8
2006	155 771.376 5	131.45	7 089.04	53 930.380 8
2007	146 266.299 1	132.13	6 865.72	51 962.255 1
2008	149 234.926 7	132.80	7 278.74	54 808.975 0
2009	150 203.889 2	133.45	7 649.75	57 322.957 3
2010	152 361.951 7	134.09	7 925.83	59 107.857 9
2011	150 255.046 5	134.74	7 957.84	59 062.919 4
2012	147 750.794 6	135.40	8 471.10	62 561.667 3
2013	148 371.990 5	136.07	8 632.80	63 442.883 2
2014	148 520.550 1	136.78	8 817.90	64 466.815 8
2015	152 086.380 2	137.46	8 749.50	63 650.317 9
2016	153 956.153 2	138.27	8 628.30	62 401.371 2
2017	151 093.064 7	139.01	8 654.40	62 258.287 3

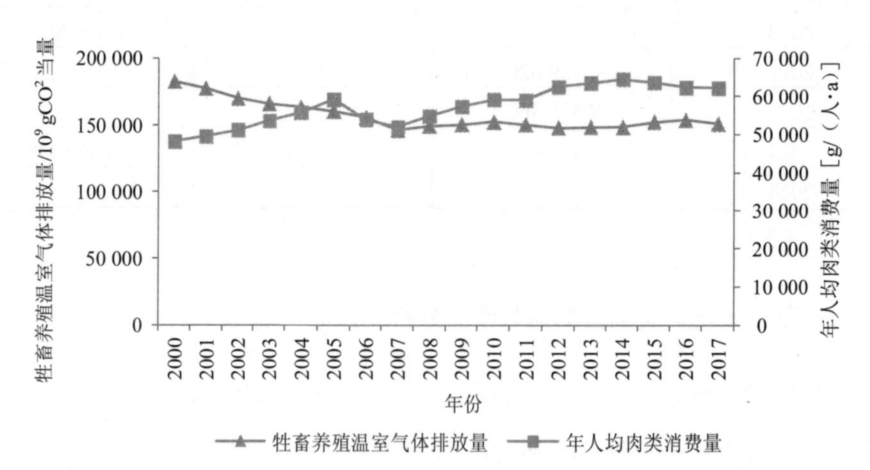

图 5-16 年人均肉类消费量与牲畜养殖温室气体排放量增长趋势示意

对以上温室气体排放量的来源，综合考虑了我国常用产肉畜禽种类，包括肉牛、山羊、绵羊、鸭、鸡、猪 6 种；也分别考虑了以上各畜禽养殖过程的排放环节，包括饲养过程肠道 CH_4 排放、粪便 CH_4 排放以及粪便 N_2O 排放。在此没有考虑水牛、骆驼、马以及产蛋鸡等排放量相对较少、产乳和产肉占比较少的畜禽。

由于肉类的人均消费量增加会引起牲畜养殖温室气体排放量的增加，以 FAO 对 2030 年肉类人均消费量的预测值作为目标值，通过计算人均消费量的增长率可以预测 2030 年的温室气体排放量。计算如表 5-21 所示。

表 5-21　分析计算表

2005—2017 年平均排放量/10^9 g	2005—2017 年年人均消费量/[g/（人·a）]	2030 年肉类人均消费预测值/[g/（人·a）]*	人均肉类消费绝对增加值/[g/（人·a）]	2018—2030 年年人均增长量/[g/（人·a）]	预计平均增长率*
151 240.815 5	59 553.426 1	99 000	39 446.573 9	3 034.351 8	0.050 9

注：①预计平均增长率为 2018—2030 年年人均增长量与 2005—2017 年年人均消费量的比值。以此增长量预测 2030 年肉类人均消费量。②由于我国肉类消费量持续增加，目标值取工业国家水平。

通过计算，得出 2018—2030 年由于肉类人均消费量增加引起的温室气体排放量变化以及 2030 年温室气体排放量。具体如表 5-22 所示。

表 5-22　2030 年预测排放量

年份	排放量/10^9 g	年份	排放量/10^9 g
2018	158 946.801 1	2025	225 077.075 3
2019	167 045.420 3	2026	236 545.148 3
2020	175 556.678 4	2027	248 597.539 8
2021	184 501.600 0	2028	261 264.021 8
2022	193 902.281 2	2029	274 575.883 4
2023	203 781.943 6	2030	288 566.007 8
2024	214 164.992 1		

5.2.3.3 预测结果

通过以上分析，初步预计我国在 2030 年主要产肉畜禽以及产奶乳牛养殖产生的温室气体排放量为 389 195.034 1×10^9 gCO_2 当量（如图 5-17 所示）。

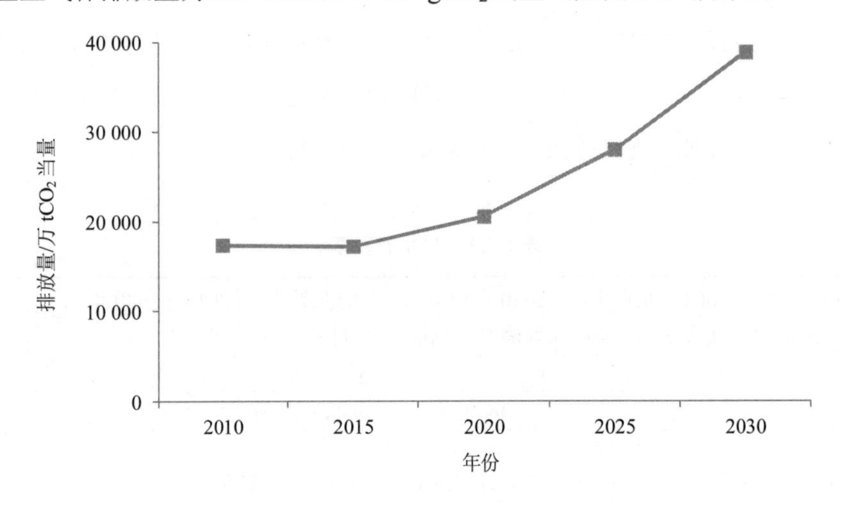

图 5-17 养殖业非 CO_2 温室气体排放趋势

2010—2030 年，中国养殖业非 CO_2 温室气体排放呈缓慢上升的趋势，养殖业 CH_4 排放在未来仍保持一定的增长速度，主要由于反刍动物肠道发酵导致的排放增长。根据农业部发布的《全国节粮型畜牧业发展规划（2011—2020 年）》，到 2020 年，中国奶类产量年递增 5.0%、牛羊肉产量年递增 1.1%～1.3%；如果不采取减排措施，反刍动物肠道发酵 CH_4 排放量将随畜产品消耗量增加和动物存栏量增长而增加。虽然未来排放增长缓慢，但是由于排放量基数较大，对未来中国非 CO_2 温室气体排放控制成效也有显著影响。

通过以上分析，可以发现影响养殖业温室气体排放的因素和变量很多，养殖业温室气体排放受到了很多来自社会因素与自然因素的直接影响，这些影响大多是突发且不可预测的，如总体畜产品消费量、养殖量、养殖方式、社会变革等。毫无疑问，对这样的多变量所决定的目标进行预测的难度极大。需要厘清影响温室气体排放的各因素，综合考虑各因素变量的影响关系，以及它们之间的关联程度，才能做出相对合理的温室气体排放预测。

本书依据灰色关联度分析判断，养殖业温室气体排放量与乳类和肉类的年人均消费量呈较强相关性（通过定性的图形几何趋势即可判断，由于相关度较高，无需进行定量关联系数计算），通过后者的未来发展趋势以及预测目标值，对选定的未来时间节点上的温室气体排放量进行了相对合理的预测。

当然，在预测中，难以做到面面俱到。根据对历史数据的分析，对整体排放量贡献不大且与排放量关联度不大的部分牲畜类别（如骆驼、马、水牛和产蛋鸡）所引起的排放并没有被全部纳入分析。未来随着人口的增加，这部分畜禽养殖的排放量也势必呈现上升趋势，但通过历史数据分析，发现其占比较小（小于 3%），而且这些指标不会因为人们生活水平的提升而存在较大的消费量增加的情况。因此本书主要考虑乳类和肉类的消费量增加引起的温室气体排放量的增加。

另外，本书对乳类和肉类的 2030 年人均消费量目标值的选取，综合考虑了我国人民的饮食习惯，以及目前肉类消费的实际水平，并结合了我国目前经济发展状况。根据历史数据，2017 年我国人民对乳制品的人均消费量为 22.65 kg/（人·a），2005—2017 年数据的平均值为 25.205 6 kg/（人·a），且呈现下降趋势。这些数据变化情况可以代表，在不出现巨大的无法抗拒的影响因素（如重大疫情、政策影响）的条件下，在相对中长期（十年）时间段内，我国人民对乳制品的消费习惯及消费量的基本变化情况。未来随着人口的增加，消费量将保持一个稳步增长的趋势。

此外，我国人民对肉类的消费量也在稳步提高；截至 2017 年，我国年人均肉类消费量已经达到 64.466 8 kg/（人·a），该数据已经超过向工业国转型国家的 2030 年预测人均年消费量［59 kg/（人·a）］。结合我国目前确实已经处于工业化转型后期，本书采用了工业国家 2030 年人均肉类消费目标，及 99 kg/（人·a）的指标进行温室气体排放的预测。

最后，对未纳入本书分析的畜禽养殖导致的排放量增长变化不予考虑，但是对总体排放量影响不大，不确定度不会超过±2%。

第 6 章　种养殖业温室气体控排政策及行动

6.1　国际经验

6.1.1　发达国家和地区

6.1.1.1　澳大利亚

由于农业和土地利用的温室气体排放量占澳大利亚温室气体排放量的约16%，澳大利亚非常重视农业领域的控排行动，曾提出碳农业倡议项目和碳农业未来项目，其目的都是以“自下向上”的形式鼓励项目级的农业减排。在澳大利亚设计碳市场之初，其并未将农业纳入管控范围，而是通过自愿减排的形式形成减排量，供碳市场纳管的能源企业和工业企业购买其减排量。

①碳农业倡议项目：土地管理者可通过自愿温室气体减排行为获得碳排放信用，进而在碳市场上进行销售。碳农业倡议项目要求对单个项目的温室气体减排量开展 MRV，并开发相应的模型的地图工具以确保温室气体减排量的准确性。

②碳农业未来项目：该项目计划于 6 年中提供 2.86 亿澳元，支持研究、农场试验和扩大减排技术以减少农业温室气体排放。

澳大利亚还积极开发农业温室气体减排方法，包括测量技术和模型。推出土地行动计划，包括减排技术的实地监测和实验，投入 4 400 万澳元，覆盖 89 个农场和 530 个项目。加强基础研究，投入 1.24 亿澳元开展农业减排技术的基础研究，包括监测密集型和非密集型畜牧生产系统的 CH_4 排放；减少来自种植和作物生产系统的 N_2O 排放量增加，增加土壤碳封存。加大宣传教育，由于澳大利亚与新西兰的国情相似，两国之间开展了国家温室气体清单数据质量互评。

6.1.1.2 新西兰

经过数十年的探索和实践，新西兰单位畜禽的排放量已经很低，目前政府主要投入研究已进一步降低农业温室气体排放量，具体措施包括：

①成立全球农业温室气体研究联盟，促进国际交流和联合研发，包括土壤碳氮循环研究、排放清单和测量。

②成立农业增长联盟，促进增加农业生产率、降低温室气体排放的国际合作。

③建立国家农业温室气体排放中心，聚焦农业 CH_4 和 N_2O 减排，具体包括识别高 CH_4 排放和低 CH_4 排放的绵羊种类、测序多个产甲烷菌基因组（负责瘤胃 CH_4 形成的微生物基因组），以帮助开发疫苗，减少肠道发酵产生的 CH_4 排放、鉴定和测试可能的产 CH_4 抑制剂。

④成立田园温室气体研究联盟，由政府、产业以“50∶50”的比例投入支持农业减排项目的研发，与农业温室气体排放中心密切合作。

⑤制订可持续土地管理和气候变化行动计划，于 2007 年启动的持续研究计划为新西兰温室气体清单获得了新西兰特定的排放因子，这一研究结果使农业排放量减少了 4%。新西兰还开展了关于如何减少农业 CH_4 排放量的研究，包括确定可以减少绵羊 CH_4 排放量的饲料，以及开发生物过滤器以捕获住宅动物、污水池和垃圾填埋场的 CH_4 排放。新西兰已开发了每个土地部门温室气体排放方法和通用碳足迹方法，用于林业、乳制品、羊肉、牛肉和肥料。同时支持在梅西大学建立生命周期分析中心，并为两名研究生物炭的教授提供资金，以研究生物炭的生产和使用，以此作为新西兰的碳固存方法。使用硝化抑制剂双氰胺（DCD），其将畜牧业放牧的牧草中的 N_2O 排放量减少了约 30%，目前是用于此目的的唯一商

业可行技术（Ministry for the Environment of New Zealand，2019）。

6.1.1.3 欧盟

在综合治理政策方面，20 世纪 90 年代，在《联合国气候变化框架公约》的指导下，欧盟开始了漫长的农业环境治理，低碳农业政策因此被提出。农业补助不再与产量挂钩，对自愿退耕还林还草且退耕面积达到一定标准的农民直接予以现金补贴。欧盟制定了《乡村发展法》，进一步对现代农业生产提出要求，其中就包括：发展有机农场、推行多种作物轮耕、维护永久牧场作为碳交易凭证等方式来减少农业碳排放。为了减少化肥使用造成的温室气体排放，于 1991 年出台了《硝酸盐指令》；并在出台的欧盟有机法令中规定了农药、化肥及其他农业生产资料的使用标准。截至 2006 年，欧洲 45%的耕地处于有机质含量较低的情况，因此欧盟颁布了《土壤保护战略》，来改良欧洲农用耕地条件，对农用土地进行生态化管理。

欧盟提出在 2014—2020 年期间实现 3 个战略目标：提高农业竞争力，可持续管理自然资源和气候行动，平衡农村地区发展。欧盟碳市场一直未纳入农业部门，但于 2018 年提出非碳市场纳管部门到 2030 年降低 30%排放的目标。

欧盟农业发展基金（EAFRD）关于支持农村发展的第 1305/2013 号条例预计成员国在国家或地区层面拟定并共同资助多年期农村发展计划。这些计划必须实现 2014—2020 年的 3 个战略目标，包括可持续性和气候行动。

实施对家畜粪便氮含量限制的《硝酸盐指令》(91/676/EEC)。此外，国家排放上限指令（2001/81/EC）也对 N_2O 排放进行了间接控制，因为其排放限值针对氨（NH_3），因此引发减少对土壤输入氮的措施。

6.1.1.4 美国

美国于 20 世纪 70 年代出台了一系列耕地保护政策，对自愿进行退耕还林还草的农民给予 10～15 年政策补贴，对休耕的土地，通过在地表覆盖自然绿地植物来增加土壤的有机碳储存能力。21 世纪初，政府提出了“安全管理计划”，主要是对采取环境友好行为的美国农民给予分摊成本的资助或直接给予现金奖励，以保护土地资源、水资源和其他资源。

2014 年，美国发布《降低甲烷排放战略》，识别了降低 CH_4 排放的关键领域，如垃圾填埋场、煤矿、农业活动和油气行业。2015 年，美国农业部宣布了降低农业领域温室气体排放、增加林业碳汇和可再生能源发电的综合办法，包括 10 项具体措施，如减少能源浪费、增加农村地区新能源供给（USEPA，2019）：

①土地管理：通过种植覆盖作物和多年生饲料、管理有机肥的投入、减轻压实等增加土地可修复性和碳汇吸收能力，减少向大气中排放的 CO_2。

②氮肥管理：优化氮肥使用，精准施肥，在保证农作物产量基础上尽可能减少氮肥使用。

③畜禽管理：通过加大厌氧消化池、全封闭厌氧塘、堆肥和固体分离器的使用降低 CH_4 排放。

④敏感土地保护：通过创造河岸缓冲区，种植树木，保护湿地和有机土壤，以增加高碳土地的碳汇能力。

⑤放牧管理：通过推广轮流放牧管理，改善对牧草、土壤和牲畜的管理以避免土壤碳流失。

6.1.1.5　日本

日本农业减排模式主要包括有机农业模式、循环农业模式和混合种植与混合养殖模式。种植业中，将多种多样的农作物混合种植，同时轮流耕作，更好地提高了农地的利用效率和作物产量，同时在作物轮作时，对耕地内有机物质的恢复和保存实现了更好的保护。2010 年，日本政府决定每年拿出 1 000 亿日元，作为“低碳型就业产业政策”的补助金，重点支持低碳循环农业。日本还积极推进技术创新，以此作为大力发展低碳循环农业的基础。

6.1.2 发展中国家

部分发展中国家由于在其国家适当减缓行动（NAMAs）中提出了种养殖业相关的政策行动目标，因而也开发了相关的 MRV 方法学（FAOSTAT，2014）。

菲律宾从水稻部门 MRV 项目方法学发展出一整套可持续发展和温室气体测量的 MRV 体系。智利开发了林业碳汇 MRV 试点平台，包含生物多样性和适应相关多项指标。蒙古建立了草地和畜牧管理测量及估算体系，以更好地收集数据、建立 MRV 体系。哥斯达黎加建立了畜牧业的 MRV 体系，帮助其收集 CH_4 和 N_2O 的国别因子及评价技术风险、农业相关指标；建立咖啡种植业的 MRV，帮助其更好地收集本地数据，评估减排情况。埃塞俄比亚开发的农林业 MRV 体系包括降低脆弱性、温室气体减排等内容。

部分发展中国家在其国家适当减缓行动（NAMAs）中也提出了种养殖业相关的政策行动目标，如表 6-1 所示。

表 6-1 发展中国家适当减缓行动中的非 CO_2 温室气体控排措施

大洲	国家	控排行动
亚洲	菲律宾	水稻部门可持续发展
	蒙古	草地和畜牧管理：通过提高动物（尤其是牛）的生产能力，来限制动物总数的增长
	约旦	充分利用畜禽产生的 CH_4，加强农业灌溉、施肥管理
非洲	埃塞俄比亚	农业土地施用堆肥（8 万 km^2），增加土壤的碳保留；实施农林复合系统（26.184 万 km^2），提高土壤固碳能力
美洲	哥斯达黎加	畜牧业和咖啡种植业控排
	巴西	建立免耕农业、农牧业综合系统，提高生物固氮能力

6.2　国内政策

2009 年，依托“948 计划”，中国农业部采取了 3 项措施控制农业温室气体排放：以农村沼气为重点，实施了农村生态家园富民计划，减少 CH_4 排放；开展了测土配方施肥行动，提高科学施肥的水平，减少农田 N_2O 排放；推广以秸秆覆盖免耕为主要内容的保护性耕种，增加土壤的有机碳含量，减少 CH_4 排放。

2015 年，中国向《公约》秘书处提交的国家自主贡献文件概括了农业应对气候变化的措施，包括如下目标：①推进农业低碳发展，到 2020 年努力实现化肥、农药使用量零增长；②控制稻田 CH_4 排放和农田 N_2O 排放；③构建循环型农业体系，推动秸秆综合利用、农林废弃物资源化利用和畜禽粪便综合利用。

为贯彻党中央、国务院决策部署，贯彻落实新发展理念，加快推进农业供给侧结构性改革，增强农业可持续发展能力，提高农业发展的质量效益和竞争力，2017 年，农业部决定启动实施畜禽粪污资源化利用行动、果菜茶有机肥替代化肥行动、东北地区秸秆处理行动、农膜回收行动和以长江为重点的水生生物保护行动等农业绿色发展五大行动。其中，果菜茶有机肥替代化肥行动（中华人民共和国农业部，2017b）要求力争到 2020 年，果菜茶优势产区化肥用量减少 20%以上，果菜茶核心产区和知名品牌生产基地（园区）化肥用量减少 50%以上。东北地区秸秆处理行动（中华人民共和国农业部，2017a）要求大力推进秸秆肥料化、饲料化、燃料化、原料化、基料化利用，加强新技术、新工艺和新装备研发，加快建立产业化利用机制，不断提升秸秆综合利用水平，力争到 2020 年，东北地区秸秆综合利用率达到 80%以上，基本杜绝露天焚烧现象。

2017 年 9 月，中共中央办公厅、国务院办公厅印发了《关于创新体制机制推进农业绿色发展的意见》（以下简称《意见》），《意见》明确了推进农业绿色发展的总体要求、基本原则、目标任务和保障措施，在体制机制层面作出一系列约束与激励并重的制度性安排。明确到 2020 年，主要农作物化肥、农药使用量实现零增长，化肥、农药利用率达到 40%；秸秆综合利用率达到 85%，养殖废弃物综合利用率达到 75%，农膜回收率达到 80%。到 2030 年，化肥、农药利用率进一步提升，农业废弃物全面实现资源化利用。《意见》明确继续实施化肥农药使用量零增长行动，推广有机肥替代化肥、测土配方施肥，强化病虫害统防统治和全程绿色防控。严格依法落实秸秆禁烧制度，整县推进秸秆全量化综合利用，优先开展就地还田。推进秸秆发电并网运行和全额保障性收购，开展秸秆高值化、产业化利用，落实好沼气、秸秆等可再生能源电价政策。中国农业领域非 CO_2 温室气体排放控制政策与行动如表 6-2 所示。

表 6-2　中国农业领域非 CO_2 温室气体排放控制政策与行动一览

序号	政策与行动名称	行动目标或主要内容	时间尺度
1	《全国农业可持续发展规划（2015—2030 年）》	①到 2020 年和 2030 年，养殖废弃物综合利用率分别达到 75%和 90%以上； ②规模化养殖场畜禽粪污基本资源化利用，实现生态消纳或达标排放； ③到 2020 年，全国测土配方施肥技术推广覆盖率达到 90%以上； ④化肥利用率提高到 40%，努力实现化肥施用量零增长； ⑤到 2020 年，全国农作物病虫害统防统治覆盖率达到 40%，努力实现农药施用量零增长； ⑥禁止秸秆露天焚烧，推进秸秆全量化利用，到 2030 年，农业主产区农作物秸秆得到全面利用	2015—2030 年
2	《全国农业现代化规划（2016—2020 年）》	①养殖废弃物综合利用率从 2015 年的 60%提高到 2020 年的 75%； ②到 2020 年，化肥、农药使用量零增长； ③力争到“十三五”末，主要农作物测土配方施肥技术推广覆盖率达到 90%以上	2016—2020 年
3	《国务院办公厅关于加快推进畜禽养殖废弃物资源化利用的意见》	到 2020 年，全国畜禽粪污综合利用率达到 75%以上，规模养殖场粪污处理设施装备配套率达到 95%以上	2017—2020 年
4	《全国农村沼气发展“十三五”规划》	沼气总产量由 2015 年的 158 亿 m^3 提高到 2020 年的 207 亿 m^3	2016—2020 年

中央财政还安排专项资金及保护性耕作工程投资，推广保护性耕作技术，推广以秸秆覆盖、免耕等为主要内容的保护性耕作，发展秸秆养畜、过腹还田，增加土壤有机碳含量。“十二五”期间，农业部、财政部继续实施了土壤有机质提升补贴项目，推广秸秆还田、绿肥种植、增施有机肥等技术措施。中央投入资金实施生猪、奶牛标准化规模养殖场（小区）建设项目，重点支持规模养殖场对畜禽圈舍进行标准化改造，建设贮粪池、排粪污管网等粪污处理配套设施。

6.2.1 种植业控排政策及行动

针对种植业非CO_2温室气体减排，降低农业源面源污染，提高化肥利用率，中国农业部主要颁布和实施了如下两个行动方案。

6.2.1.1 《全国测土配方施肥技术普及行动方案》

从 2005 年起，农业部每年在全国范围内组织开展测土配方施肥技术普及行动。中央财政累计投入近 90 亿元，组织实施测土配方施肥补贴项目。2012 年，农业部启动实施了“百县千乡万村”整建制推进测土配方施肥行动，开展农企合作推广配方肥试点，中央财政安排补贴资金支持开展测土配方施肥。2012 年，全国推广测土配方施肥技术 13 亿亩[①]（次）以上，免费为 1.8 亿农户提供测土配方施肥技术服务，改进施肥方式，提高肥料利用效率。采取整县、整乡、整村推进方式，促进测土配方施肥技术普及。因地制宜开发推广施肥器械，结合深松整地，推广化肥深施、机施技术，在有滴灌、喷灌条件的蔬菜、果树、棉花、马铃薯、玉米等作物上，积极示范推广水肥一体化等水肥耦合技术，防止养分挥发和流失，减少浪费。按照农艺农机融合、基肥追肥统筹的原则，指导农民因苗、因水、因土等适时开展追肥，确保农作物全生育期养分需求。在东北地区、黄淮海地区结合深松整地，做好底肥机施、深施。针对玉米“喇叭口”需肥关键时期，推广应用机械追施肥技术。

---

① 1 亩≈666.7 m^2。

通过开展测土配方施肥，2013 年三大粮食作物氮肥、磷肥和钾肥利用率分别达到 33%、24%和 42%，比项目实施前（2005 年）分别提高了 5 个百分点、12 个百分点和 10 个百分点。在肥料利用率提高的同时，化肥用量增幅出现下降趋势。2013 年，全国化肥用量增长 1.3%，分别比 2012 年和 2005 年低 1.1 个百分点和 1.5 个百分点；测土配方施肥项目县（场、单位）达到 2 498 个，基本覆盖全国所有县级农业行政区，技术推广面积达到 16 亿亩（次）。根据对农户的抽样调查，在应用测土配方施肥技术的田块，小麦、水稻、玉米亩均增产分别为 3.7%、3.8%、5.9%，增收 30 元以上；蔬菜、果树等作物亩均增收达 100 元以上。截至 2011 年，通过实施测土配方施肥，全国累计减少不合理施肥 700 多万 t。

6.2.1.2 《到 2020 年化肥使用量零增长行动方案》

2015 年 2 月，农业部颁布了《到 2020 年化肥使用量零增长行动方案》。要求 2015—2019 年，逐步将化肥使用量年增长率控制在 1%以内；力争到 2020 年，主要农作物化肥使用量实现零增长。从 2015 年起，主要农作物肥料利用率平均每年提升 1 个百分点，力争到 2020 年，主要农作物肥料利用率达到 40%以上。主要通过如下途径实现：一是精，即是推进精准施肥。根据不同区域土壤条件、作物产量潜力和养分综合管理要求，合理制定各区域、作物单位面积施肥限量标准，减少盲目施肥行为。二是调，即是调整化肥使用结构。优化氮、磷、钾配比，促进大量元素与中微量元素配合。适应现代农业发展需要，引导肥料产品优化升级，大力推广高效新型肥料。三是改，即是改进施肥方式。大力推广测土配方施肥，提高农民科学施肥意识和技能。研发推广适用施肥设备，改表施、撒施为机械深施、水肥一体化、叶面喷施等方式。四是替，即是有机肥替代化肥。通过合理利用有机养分资源，用有机肥替代部分化肥，实现有机无机相结合。提升耕地基础地力，用耕地内在养分替代外来化肥养分投入。发展秸秆和畜禽粪便资源化利用技术和途径。

《强化应对气候变化行动——中国国家自主贡献》严格按照国家《“十三五”

控制温室气体排放工作方案》的部署，努力推进农业低碳发展，实现化肥、农药使用量零增长，构建循环型农业体系。对种植业，主要关注改善肥料结构、改变施肥方式以及提高有机肥资源化比例。

6.2.2　养殖业控排政策及行动

对养殖业，主要关注养殖废弃物综合利用率及养殖废弃物资源化利用。反刍动物肠道发酵减排主要有直接减排和间接减排两种途径。直接减排指通过动物饲料优化改变瘤胃发酵特性，直接减少瘤胃内的 CH_4 产生；而间接减排主要指通过遗传育种、提高动物健康水平等方式提高动物的生产能力，减少单位动物产品的温室气体排放。动物粪便管理温室气体减排主要从畜禽舍内和舍外的管理两方面来进行。对舍内的管理方面，可以通过舍内清粪方式的优化以减少温室气体排放；对舍外的管理方面，可通过粪便厌氧发酵产沼气、回收利用 CH_4 以减少排放。

《全国农业可持续发展规划（2015—2030 年）》提出，到 2020 年和 2030 年，养殖废弃物综合利用率分别达到 75%和 90%以上；规模化养殖场畜禽粪污基本资源化利用，实现生态消纳或达标排放，预计减少化肥氮肥（折纯）施用量约 210 万 t。《全国农业现代化规划（2016—2020 年）》提出，养殖废弃物综合利用率从 2015 年的 60%提高到 2020 年的 75%。《全国农村沼气发展“十三五”规划》提出，沼气总产量由 2015 年的 158 亿 m^3 提高到 2020 年的 207 亿 m^3。

《关于创新体制机制推进农业绿色发展的意见》明确以沼气和生物天然气为主要处理方向，以农用有机肥和农村能源为主要利用方向，强化畜禽粪污资源化利用，依法落实规模养殖环境评价准入制度，明确地方政府属地责任和规模养殖场主体责任。依据土地利用规划，积极保障秸秆和畜禽粪污资源化利用用地。健全病死畜禽无害化处理体系，引导病死畜禽集中处理。

其中，农业部农业绿色发展五大行动之一的畜禽粪污资源化利用行动要求在畜牧大县开展畜禽粪污资源化利用试点，组织实施种养结合一体化项目，集成推广畜禽粪污资源化利用技术模式，支持养殖场和第三方市场主体改造升级处理设施，提升畜禽粪污处理能力。建设畜禽规模化养殖场信息直联直报平台，完善绩效评价考核制度，压实地方政府责任。力争到2020年基本解决大规模畜禽养殖场粪污处理和资源化问题。农业部在随后发布的《畜禽粪污资源化利用行动方案（2017—2020年）》中提出全国畜禽粪污综合利用率达到75%以上，规模养殖场粪污处理设施装备配套率达到95%以上，大规模养殖场粪污处理设施装备配套率提前一年达到100%的目标。

6.3 控排技术分析

目前，种植业的减排政策多处于学术研究阶段，特别是针对非CO_2温室气体排放的政策还不是很多，更多的是从碳排放的角度进行综合探讨。学者们分别从环境保护、土地利用、碳税和碳交易等角度对政策制定给出了相关建议。在减排政策的选择上，陈红等（2007）认为政府在农村环境污染治理方面应更多地利用经济手段和激励机制控制污染量，最终达到农用地种植过程中的减排目的。赖力（2010）从碳减排、碳增汇两个角度提出低碳导向的土地利用政策配套体系，其中碳增汇政策包括土地利用结构优化、水土保持和生态保护、林地管理、农地管理、草地管理和湿地管理7个方面；碳减排政策包括土地利用结构优化、农业碳减排、建设用地碳减排和土地生态补偿机制构建等。吴贤荣等（2017）考虑了期望产出与碳排放等环境因素的非期望产出，利用方向距离函数构建农业碳排放影子价格模型，对中国各省（区、市）种植业低碳生产效率水平及碳排放边际减排成本区域差异动态趋势进行探究。吴昊玥等（2021）基于对种植业碳吸收、碳排放双重属性的考虑，构建了涵盖农资投入、稻田甲烷、秸秆处理、作物固碳4个方面的核算清单，并提出分源头落实碳减排、分区制定减排政策和加强省际交流协作的政策建议。

6.3.1　种植业控排技术

绿色革命以来，世界粮食产量增加了 1 倍，主要是水、肥等高投入的集约化生产取得的结果，过去五十年世界灌溉面积增加了 1 倍，化肥投入增加了 4 倍（Foley et al.，2011）。绿色革命将农业提升到了新的阶段，然而依靠高投入的集约化生产却带来了新的问题。

国内外对此纷纷采取了减排措施。国外展开了大量的农业碳减排工作，例如美国的保护性耕作和农业碳交易，巴西以农林废弃物为原料发展生物能源等（米松华，2013）。我国政府也出台了很多相关政策，如测土配方施肥、保护性耕作、农村沼气工程等，这些政策在一定程度上都起到了积极作用。但与国外的相关工作相比，我国目前尚未建立农业碳排放核算和检测标准，以及系统的国家低碳技术推广战略。相关研究证明，通过适用的减排技术，可有效降低温室气体排放。Bhattacharyya 等（2015）预测 2020 年全球减排技术的实施可实现减排 412×10^6 t 标准煤当量。

6.3.1.1　控排技术

综合汇总减排技术，冯之浚等（2009）从农地资源利用的角度出发，认为应该改善土地利用，扩大碳汇潜力。姚延婷等（2010）也指出，通过农业固碳技术可以达到减排目的，这些技术包括保护现有碳库、扩大碳库以增加固碳、可持续地生产生物品种。除此之外，我国还有如下一些农业碳汇技术：秸秆机械化还田技术、保护性耕作技术、循环农业技术、测土配方施肥技术、精准农业施肥技术、有机-无机配施技术、提高肥料利用率技术、改进水稻灌溉技术以及种植业废弃物生物黑炭转化还田技术。

由于我国水稻种植面积占全世界的 18.8%，我国是世界上主要的水稻种植国之一，稻田是我国重要的 CH_4 排放源。为了减少水稻田的 CH_4 排放，可以从以下几个方面考虑：施肥措施管理、品种管理和耕作轮作管理。研究发现，耕作次数的多少与温室气体排放量的多少呈现正相关关系，在未扰动土地上进行深度翻耕种植会降低土壤对 CH_4 的氧化能力，因此免耕是保持土壤对 CH_4 氧化能力的最佳措施。当采取水旱轮作方式时，在旱作期间，土壤中制造 CH_4 的细菌数量迅速减少，而具有氧化 CH_4 功能的细菌数量上升，再次水淹时，封闭于土壤孔隙中的部分氧气仍然对 CH_4 具有氧化能力。因此，水旱田轮作的方式是一种经济成本低、减排效果好的种植生产方式。

研究发现，我国旱地种植减排空间大的措施有化肥有机肥配施、保护性耕作、生物炭、减低氮肥施用量。我国水田种植减排空间大的措施有保护性耕作、间歇灌溉、用硫氨替代尿素、氮抑制剂、降低氮肥施用量。其中，当前稻田降低 15%的氮肥用量，可以降低 12%的 N_2O 排放。

通过以上论述，目前种植业减排技术可汇总如表 6-3 所示。

表 6-3 种植业温室气体减排技术汇总

序号	管理措施	技术类别	固碳	N_2O 减排作用	CH_4 减排作用
1	耕作	保护性耕作，少免耕	+	±	
2	肥料管理	平衡施肥		+	
3		分次施肥		+	
4		肥料深施		+	
5		氮肥形态		+	
6		增效氮肥		+	
7		配施有机肥	+	±	+
8	水分管理	稻田间歇灌溉		–	+
9	秸秆管理	秸秆还田	+	–	–
10	品种	品种改良			+
11	添加剂	CH_4 抑制剂			+
12		生物炭	+		
13	种植制度	与豆科轮作		+	

注："+" 表示固碳或减排效果，"–" 表示不具有固碳和减排效果，"±" 表示存在争议、不确定。

从表 6-3 可以看出，降低 N_2O 排放的有效技术包括平衡施肥、分次施肥、肥料深施、氮肥形态、增效氮肥以及与豆科轮作。降低 CH_4 排放的有效技术包括配施有机肥、稻田间歇灌溉、品种改良以及 CH_4 抑制剂。

目前，中国已经测试了几种可以减少 CH_4 排放并最终提高水稻产量和降低成本的技术。这些技术往往通过减少水稻幼苗的水分暴露，从而减少 CH_4 排放。这些技术主要包括以下内容。

加强稻田水分管理是最有效的稻田 CH_4 排放控制措施，水分是影响稻田 CH_4 排放的决定性因子，改变稻田的水分可以改变产甲烷菌生存的厌氧环境，从而抑制产甲烷菌的活动，CH_4 减排效果显著。

①建立科学的肥料施用制度，提高氮肥利用率。包括在有机肥和无机肥配施时，有机肥采用腐熟的沼渣、菌渣或腐熟的堆肥，无机氮肥选用硫酸铵，以及氮磷钾肥料配施等都可减少稻田 CH_4 排放。

②选育和种植低排放水稻品种。根据稻田 CH_4 传输机制，种植低渗透率水稻品种、氮素高效利用新品种以及能够高效抵抗病虫害的品种等措施可以有效减排稻田 CH_4。

③使用生物质沼渣肥作为低 CH_4 排放肥料。生物质沼渣肥是低 CH_4 排放肥料，如果到 2030 年能有 60%的稻田施用沼渣肥，中国稻田 CH_4 的排放潜力将达到 2 800 万 tCO_2 当量/a。

④实行稻-鸭生态种养。与常规稻田相比，稻田土壤氧化还原状况得到明显改善，显著降低稻田 CH_4 排放量，且土壤肥力都有所增加。

在 N_2O 方面，减少化肥施用量、提高氮肥利用率是减少农用地 N_2O 排放的主要途径。目前，中国正在试验新的施肥技术以减少排放，主要包括：

①开展测土配方施肥，推进新型肥料产品研发与推广，集成推广种肥同播、化肥深施等高效施肥技术，不断提高肥料利用率，避免不必要的过度施肥造成 N_2O 排放。

②推广缓释长效肥，配施氮肥，可以降低农用地 80%的 N_2O 排放。与施用普通碳酸氢铵和尿素相比，长效碳酸氢铵与长效尿素能显著减少农用地的 N_2O 排放。

③添加生物抑制剂，如脲酶抑制剂氢醌和双氰胺肥料，可减少 30%～62%的

N_2O 排放。

④开展精准农业，包括精准施肥、精准播种、精准灌溉。与传统的施肥方法相比，精准农业技术能提高作物产量，减少施肥量。

6.3.1.2 绩效分析

通过研究发现，氮肥优化能够有效控制非 CO_2 温室气体排放。如 Bhattacharyya 等（2015）根据中国农田 N_2O 排放观测数据，通过荟萃分析（meta-analysis），发现通过对我国玉米和小麦进行氮肥优化施用，仅农田 N_2O 排放每年就可以降低 540 kg 标准煤/hm^2 和 760 kg 标准煤/hm^2。而对旱地作物（玉米、小麦和蔬菜等）采取秸秆还田可以减少 N_2O 并增加固碳，净排放共计减少 290 kg 标准煤/hm^2。对旱地作物采用配施有机肥，每年可以减少 N_2O 和增加固定碳，净排放共计减少 1 300 kg 标准煤/hm^2。对旱地作物采用免耕净排放，每年可以减少 610 kg 标准煤/hm^2。水田除了采用旱地的减排措施外，间歇灌溉能够有效减少 30%的单位面积 CH_4 排放（董红敏等，2008）。

减排技术应用成功取决于两个方面的考虑，一是减排效果，二是减排成本和收益。我国区域差异较大，评价减排技术的减排效果时，必须分区考虑。本书将我国种植业分为：

①热带亚热带主产区，具体包括：Ⅰ南方三熟区，Ⅱ双季稻区，Ⅲ水旱轮作区。

②暖温带主产区，具体包括：Ⅳ华北平原灌区，Ⅴ西北灌区，Ⅵ西北旱区。

③中温带（高寒）主产区，具体包括：Ⅶ东北高寒区。

6.3.1.3 减排技术方案初步选择

在减排技术选择问题上，技术措施减排的效果存在一定的不确定性，表现在 4 个方面：一是同一措施对不同温室气体的减排效果不同；二是同一减排措施对同一种温室气体的减排效果存在较大区域差异；三是农业生产中不同技术措施之间还有交互作用，其产生减排的综合效应不确定，所以对不同区域的减排技术措施的应用效果进行评价十分重要。

根据国内外大量研究，在粮食作物种植方面，具有减排潜力且广泛应用的技术主要包括农学措施（品种和轮作等）、养分管理、耕作、秸秆管理、水分管理、稻田管理、农林系统、土地利用技术等；但是这些技术在不同地区不一定减排且减排效果不一致（Smith et al.，2008）。我国学者对低碳技术的减排效果也进行了大量研究，米松华（2013）通过德尔菲法确定了我国粮食作物种植减排技术，其中旱地减排技术包括降低化学氮肥施用、有机肥与化肥配施、测土配方施肥、施用缓控释肥、氮肥深施、保护性耕作技术等6种技术，稻田减排技术包括湿润灌溉和间歇灌溉、生长期间歇式排水与烤田相结合、有机肥使用时间、甲烷抑制剂、筛选水稻品种、水旱轮作等6种技术。但是这些技术只是处于试验阶段，并没有大量推广应用。

通过以上分析，本书初步筛选确定4种减排技术，具体说明如表6-4所示。

表6-4 施用减排技术汇总

技术编号	技术类别	说明	目标作物
C1	氮肥优化	根据养分平衡方法，若氮盈余量的绝对值小于 20%，则判断氮肥管理为氮肥优化。 氮盈余=施氮量–地上部分吸氮量 地上部分吸氮量（kg/hm^2）=单产（kg/hm^2）×籽粒需氮量（g/kg）$\times 10^{-3}$	全部
C2	配施有机肥	通过适量施用有机肥，增加土壤固碳，其中有机肥供应的有效氮占作物需氮量的 50%	全部
C3	少免耕	旱地作物播种前不翻土，采用少免耕、播种、镇压一体机进行播种，减少机械作业环节，从而减少燃油消耗并降低土壤碳损失	玉米、小麦
C4	稻田间歇灌溉	将水稻的水分管理方式从原先的中期晒田转变为前期淹水—中期晒田—淹水—浸润灌溉的间歇灌溉	水稻

6.3.1.4 减排成本分析

在对减排技术进行了初步的选择后，需要结合减排的经济效益及实施成本进行分析，并在不同区域内、不同背景条件下确定适合实施的最终技术方案。成本分析包含 3 个部分，除了直接成本，还包括采用技术引起的其他农作环节间接投入成本，以及采用技术而损失的外出务工收入的机会成本。研究表明，往往是这些隐性成本过高导致了技术不可用。

各项成本的关系为：减排成本=直接成本+间接成本+机会成本；直接成本=物质投入（农资、能源和设备）+人工投入（用工劳务费）。

间接成本指采用减排技术后引起的其他生产技术的必要调整带来的成本变化。

机会成本指当把一定的经济资源用于生产某种产品时放弃的另一些产品生产上最大的收益。国家统计局 2009 年数据显示，我国农户有 26%都是兼业化状态，农业生产中用工与外出务工之间具有强烈的相互影响。

氮肥优化的成本变化主要由两方面构成：一是优化施氮农户和非优化施氮农户氮肥投入量变化导致的购买成本变化，主要反映了节约氮肥的收益。虽然氮肥用量优化往往需要通过调控氮肥产品、施用方式来实现，由此可能导致成本增加，但也可以通过培训等知识转变来实现。研究显示优化施肥农户和非优化施肥农户差异不显著。农户间施用方式有差异（36%机械施肥，64%人工施肥），但施用方式与氮肥用量并未表现出正相关关系，反而发现机械化施肥往往导致过量施肥，原因是机械施肥中肥料产品和机械质量不过关。所以农户施肥合理与否并没有与产品和方式建立强相关，因此在此重点反映氮肥用量变化带来的效益，忽略这些成本。二是氮肥用量优化可以间接降低病虫草害，从而会使农药用量降低。郭明亮（2016）通过收集大量文献数据，综合分析后发现过量施肥与过量用药直接相关，因此在合理施氮的情况下，农药用量可以降低 50%；同样，由于没有考虑氮肥优化所需要的机械和用工等问题，郭明亮认为氮肥优化主要依赖于知识技术到位，所以机会成本为零。

配施有机肥的成本变化主要由两方面构成：一是配施有机肥农户有机肥的购买成本和施用有机肥产生的雇工及机械成本；两者均有增加。

少免耕的成本变化主要由三方面构成：一是少免耕农户与非少免耕农户相比，由于采用少免耕播种机械，减少了翻耕、旋耕、镇压等操作环节，可以减少机械及雇工成本；二是少免耕由于减少了土壤翻动，能够保持土壤水分含量，降低了灌溉用电量；三是少免耕后家庭用工成本变化，因此机会成本变化。

稻田间歇灌溉的成本变化主要由两方面构成：一是采用间歇灌溉与非间歇灌溉相比，电费、水费、肥料费和用工费变化；二是间歇灌溉后家庭用工量发生变化，导致机会成本变化。

总体上看，我国种植业碳减排技术采用率不高且差异很大，这是因为技术应用程度除取决于技术本身，还取决于气候、土壤、社会、经济等诸多因素。氮肥优化技术采用率为 28%，然后是稻田间歇灌溉，采用率为 12%，再次是少免耕技术，采用率为 9%，采用最少的是有机肥配施（约为 3%）。同一技术在不同作物和区域上的采用率也有较大差异。

减排技术的采用成本和减排量在不同的地区间差异较大，基于经济效益好、环境可持续的发展目标，筛选区域成本低和减排量高的减排技术有助于我国因地制宜地推广低碳技术。南方三熟区春玉米和秋玉米适用性减排技术是氮肥优化技术；西北灌区春玉米水旱轮作区夏玉米适用性减排技术为氮肥优化技术；华北平原夏玉米适用性减排技术为氮肥优化技术和少免耕技术；西北旱区春玉米适用性减排技术为氮肥优化技术和少免耕技术；东北春玉米适用性减排技术为少免耕技术。双季稻区冬小麦适用性减排技术为少免耕技术，水旱轮作区冬小麦适用性减排技术为氮肥优化技术，华北平原冬小麦适用性减排技术为氮肥优化技术，西北旱区冬小麦适用性减排技术为氮肥优化技术。东北一季稻区适用性减排技术为氮肥优化技术和稻田间歇灌溉技术，其他水稻主产区适用性减排技术只是氮肥优化技术。实践证明，要实现任何农业技术的成功推广，首先是技术必须具有经济性。如何实现经济与减排的“双赢”是发展低碳农业的根本问题。

从碳减量的角度看，应在重点排放环节优化生产技术、降低排放。我国应当从减少氮肥用量、禁止秸秆焚烧、减少化石能源消耗、提倡节水灌溉、提高机械作业水平、降低柴油消耗等方面降低种植业温室气体排放。由于不同主产区生产习惯差异较大，因此调整方向不同，应当根据当地的生产碳排放结构，有针对性地采取减排措施。如在干旱且地下水较深的华北地区种植夏玉米时，应该采用节水灌溉技术，一方面降低灌溉能源消耗导致的碳排放，另一方面避免水资源浪费。在氮肥高投入地区，尤其是西北玉米种植区，应该降低氮肥用量，降低氮肥生产及农田 N_2O 排放。

现阶段，我国种植业温室气体排放水平仍然较高，各环节的生产技术都有优化的空间。高水肥投入以及机械化操作方式导致土壤 N_2O 和 CH_4 排放增加，应通过加强间歇灌溉来降低稻田 CH_4 排放，优化小麦灌溉和玉米氮肥管理，降低 N_2O 排放。未来种植业碳排放量的核算研究应进一步加强。主要方向为：模型边界、温室气体种类、数据获取途径、量化单位等方面不一致，需要重构温室气体排放研究方法。我国地域辽阔，不同区域存在较大差异，因此碳排放情况不同，需要针对不同情景建立核算标准。

6.3.2 养殖业控排技术

6.3.2.1 整体控排

无论是反刍动物，还是非反刍动物，在饲养过程中都会产生粪便。在粪便处理过程中会产生 CH_4 以及 N_2O，而反刍动物肠道排放构成了 CH_4 的另一重要排放源。通过文献数据分析以及相关研究调查，一般认为：反刍动物肠道排放是 CH_4 的主要排放源，猪粪处理是 N_2O 的主要排放源。为整体减少养殖业温室气体排放，一般推荐以下措施。

（1）优化畜禽养殖结构，提高动物生产效率

畜禽种类是影响温室气体排放的重要因素。反刍动物特别是牛（肉牛和奶牛）

的单位数量温室气体排放潜力较大，而猪和家禽的相对较小。可以通过适当调整我国养殖业养殖结构来减少温室气体排放。在保证牛肉和牛奶供应的前提下，尽量控制其养殖规模，减少役用牛、水牛和黄牛的养殖数量。同时，提高单位数量动物的生产性能。减少畜禽饲养量也是减排的有效途径。具体地，可以通过选育优良品种，培育出生产性能、繁育性能较好的畜种；推广人工授精、胚胎移植等现代技术，减少公畜饲养量；改善饲养管理，发挥动物的最大生产性能。

（2）改善饲养模式，因地制宜、因种施策

饲养模式涉及养殖模式、规模大小、畜禽日粮等方方面面，可根据中国各地区差异因地制宜，根据畜禽种类的差异因种施策，探索更为合适的饲养模式，以实现温室气体减排。一是提倡规模化饲养，减少放养和农户散养的比例，在农村和草原地区建设养殖小区，实现排泄物统一管理。二是发展养殖规模，推荐中规模养殖，降低小规模养殖比例。三是提倡精准饲养，优化饲料结构，合理使用添加剂，细化各种畜禽营养需要，制定科学合理的日粮方案，减少饲料消耗和营养物质排泄量；针对反刍动物肠道CH_4排放，提倡使用秸秆氨化或青储饲料，如青贮玉米、苜蓿等优质饲料，合理使用添加剂，采用舔砖等饲养方式。四是推广新型养殖模式，实现低碳生态养殖，如发酵床技术养猪、养鸡是一种低排放、零污染、低成本、高效益的新型运作模式，值得推广。

（3）改进粪污处理方式，发展循环生态农业

养殖业产生的大量粪便是温室气体的重要排放源，但也是种植业有机肥料的重要来源，可作为温室气体减排的重点关注。因此，推广以种养结合、资源循环利用为特征的循环生态农业是实现养殖业温室气体减排的有效举措。就粪便清理方式而言，提倡干清粪，减少水冲清粪和水泡粪造成的舍内温室气体排放。推广有机肥生产，优化堆肥各项参数。可通过优化水分（50%～60%）、C/N（20～30）、粪便孔隙度（增大孔隙度）、调理剂类型（功能菌剂、生物炭等）、供氧方式（翻堆次数、强制通风）等参数，最大限度地减少温室气体的排放，减少氮等营养元素的流失。推进沼气生产，沼气作为清洁能源，既可实现温室气体减排，又能实

现废弃物的利用。探索种养结合新型农业模式，将粪污以有机肥、沼气的形式作为种植业、生产生活的有效供给。如“猪-沼-草”模式，猪粪用于沼气生产，沼气可作为能源，沼渣可作为肥料种草，而草又可作为饲料养畜。

6.3.2.2 关键减排措施技术分析

（1）肠道 CH_4 减排

肠道 CH_4 的排放是养殖业温室气体排放的一大来源。反刍动物经瘤胃发酵产生的 CH_4 约 94%，其余来自后肠发酵，而单胃动物产生的 CH_4 则主要来自后肠。因此，调控反刍动物瘤胃微生物的活性是减少肠道 CH_4 排放的重要途径。提倡精准饲养；改善饲料品质，提高消化率；选择适当的精粗比（50∶50 较适宜）；在饲料添加剂方面，大蒜素、茶皂素、皂苷以及丝兰提取物、番石榴叶子提取物等植物提取物，地衣芽孢杆菌、热带假丝酵母等微生态制剂，莫能菌素、盐霉素等抗生素均能减少肠道 CH_4 的排放。

（2）粪便 CH_4 和 N_2O 减排

粪便中的有机物经厌氧发酵产生 CH_4，影响 CH_4 产生的因素除氧气浓度外，底物 C/N、温度等均有影响。因此，提倡干清粪而非水泡粪、水冲清粪；提倡固液分离，固体粪污经好氧堆肥生产有机肥；推广沼气生产等措施是减少粪便 CH_4 排放的可行途径。同时，尽量避免垫料系统的使用，可有效控制 N_2O 排放。

（3）发展循环农业，实现低碳养殖

发展循环农业是实现温室气体减排、创造低碳农业的重要途径。循环农业通过对农业生态经济系统的优化设计与管理，实现了农业系统光热等自然资源和可再生资源的高效利用，最大限度地减少污染物的排放，是农业应对节能减排和促进低碳农业发展的重要途径。

在畜牧养殖中，总结出温室气体减排的措施有以下几点：一是倡导精准饲养。要求综合畜禽品种、生长阶段、生长发育繁殖、生产性能、疾病状态、环境管理等因素精确设计饲料配方，使畜禽达到最佳生产性能，又不致产生能量与蛋白质等营养物质的浪费。这样既能节省资源，又能实现废弃物的减排。二是提倡废弃物饲料化。经粉碎、氨化、青贮等处理后的秸秆可作为反刍动物的粗饲料；含氮量较为丰富的鸡粪经加工处理后可作为鱼等水生动物的饲料。三是大力发展沼气工程。将农户生活垃圾以及畜禽粪污经厌氧发酵生产沼气，既可以减少畜禽固体废弃物的排放，减少环境污染，又可生产沼气燃料，实现废弃物资源化。四是优化有机肥生产条件，增加有机肥在种植业中的使用比例。严格把握堆肥各项参数（包括水分、C/N、通风强度、孔隙度以及接种菌株等），既保证堆肥效果，又可减少堆肥过程中产生的大量温室气体。目前较为提倡的生态养殖模式即将种养结合，构成天然的有机生态系统，产生的畜禽废弃物可作为有机肥还田供农作物利用，达到高效、低能、低排放的效果。综上所述，为实现养殖业温室气体的减排，应结合各方面因素，种养结合，综合考虑，以实现既快速、又环境友好的发展。

从农业经济学角度看：第一，单位养殖业产值碳排放量较低，可以说养殖业规模化和集约化生产是减少碳排放量的最有效途径；第二，农民自身不断增加农业生产收益和国家要求提高农民收入等因素的推动下，养殖业生产规模不断扩大，从而导致能源生产结构和单位农业劳动力农业生产收益改变，最终引起养殖业碳排放量变化。第三，由于农业生产收益明显小于非农业生产收益，农民为进一步增加自身收益，会不断地由农村向城镇转移，从而导致农业人口比例下降，即城镇化水平不断提高。第四，中国人口仍在增长，人口增长必然导致畜禽产品需求增加，进而引起养殖业生产规模扩大和碳排放量增加。综上所述，养殖业碳排放量变化时养殖业生产技术、农业生产结构、农业生产经济收益水平、人口城镇化水平以及总人口规模各因素综合作用的结果。

6.3.2.3　减排技术建议

（1）完善消费及流通环节，引导正确饲喂方式

养殖户为了提高出栏活重和出栏率，日粮结构仍以饲喂精饲料为主、草料为辅，过多添加精饲料进行强饲养，导致肉质不佳，而在市场流通过程中，在出售

时难以辨别肉质差别，市场价格基本一致。建议在消费者品尝肉类及奶类、评价品质基础上建立质量管理体系，完善优质优价的市场流通体制，从消费及流通环节引导农户健康绿色饲喂，调整青贮草、粗饲料与精饲料的比例，降低温室气体排放量。

（2）因地制宜，加快技术研发推广

相关部门应因地制宜，根据不同地区所处地理位置及气候条件，联合当地农业高校及农业科技研发推广部门，根据养殖业的发展需要，从饲料添加、配比及提高单产上加快技术研发，降低温室气体排放；采取相应的补贴措施以增加草食畜优质草粉、草颗粒、青贮草在养殖场（户）的使用比例，建立试点，加强示范带动效应，使养殖场（户）逐步接受或认可健康的饲喂方式。

（3）降低成本，提高资源配置效率

思想上，政府及相关部门应以讲座、培训及观摩学习等形式，使养殖场（户）逐步接受先进的经营管理理念，改变其传统的养殖观念；养殖过程中，相关部门应采用奖励或补贴措施促进养殖场（户）对新技术的应用，提升经营管理水平，降低养殖成本，提高资源配置效率；在粪污处理中，应推广有机肥发酵等处理方式，改变其传统的堆放方式，实现低碳养殖业与养殖效益提升的协调发展。

第7章　结论和建议

7.1　种养殖业 MRV 体系设计建议

7.1.1　总体设计

在部门层面，农业农村部、生态环境部、国家统计局确立联席会议机制，定期召开调度会，对种养殖业涉及的统计报表、清单指南和碳市场相关制度及指南方法进行宏观指导。

在制度方面，结合目前梳理出的种养殖业 MRV 挑战和需求，建议安排专项资金完善落实《应对气候变化部门统计报表制度（试行)》。在地方层面，建立温室气体清单定期报告和联审制度。在企业层面，建立规模以上种养殖业企业温室气体数据的测量、报告与核查制度。围绕国家自主贡献行动及国内农业控排行动，建立政策行动追踪指标体系及考核制度，在更新国家自主贡献行动时考虑纳入农业温室气体控排目标。

在工作机制方面，在国家层面，成立国家温室气体清单办公室，同时设置质量保证和质量控制工作组、模型及本地化因子开发专家组，保障清单质量；在地方层面，更新温室气体清单编制指南，并结合机构改革后的新要求稳定地方清单编制机构和人员队伍；在企业层面，建立规模以上种养殖业企业温室气体数据的测量、报告与核查制度。

在平台建设方面，建立国家温室气体排放综合管理系统，包括温室气体清单数据库、政策措施效果追踪及评价考核系统。在底层数据层面，通过清单数据库和国家级、地方级企业报告平台确保数据的常态化收集。同时就现有的相关数据进行整合或分享，相关数据归口管理。

我国种养殖业 MRV 制度设计如图 7-1 所示。

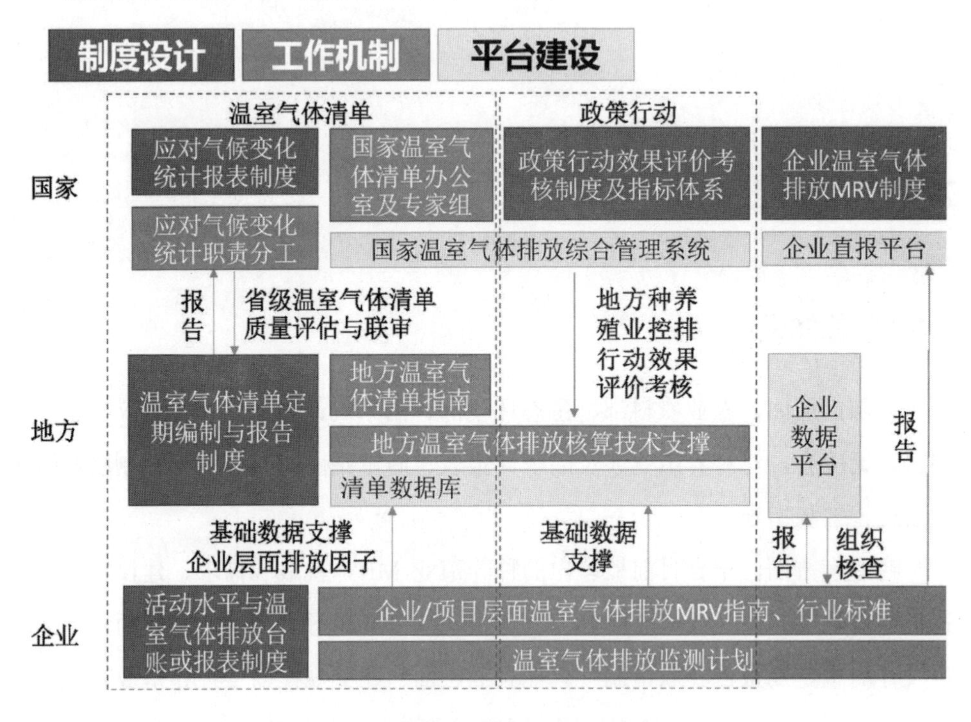

图 7-1　我国种养殖业 MRV 制度设计

7.1.2　完善温室气体清单 MRV 机制安排

7.1.2.1　建立国家清单办公室

建立完善清单编制的工作机制，形成以国家温室气体清单指导委员会确定清单编制重大事项、主管部门负责组织协调和领导、国家温室气体清单指导委员会办公室具体实施的工作模式。

其中，国家温室气体清单指导委员会可纳入现有的国家应对气候变化领导小组，主要职责是确定各部门在清单编制工作中的职责，协调数据提供机制及缺口数据解决办法，审批清单报告等。在主管部门的协调下，国家应对气候变化领导小组成员单位定期向国家温室气体清单指导委员会办公室提供清单编制的基础数据以及负责核查清单中相关部分内容，并在各部门设置联络员，负责与气候变化主管部门协调相关工作。在主管部门的协调下，通过签署谅解备忘录和长期数据协议等形式，确保相关的政府部门、研究机构和行业协会等及时提供清单编制所需的基础数据，从而保证清单编制数据来源的稳定和畅通。通过气候变化立法，进一步明确各部门温室气体排放和气候变化政策行动监测的责任和义务，厘清各部门职责权限。成立清单编制方法专家委员会和清单质量保证专家委员会，清单编制方法专家委员会负责确定两年一度国家温室气体清单计算方法，清单质量保证专家委员会负责清单第三方质量保证。国家温室气体清单指导委员会办公室负责数据收集、清单计算、报告撰写以及国际审评回复等，并可就某一具体问题，如某一源或汇的清单计算方法、排放因子的调研、测试和更新等委托相关研究机构、高校和专家开展专门研究。该工作机制的最终目的是实现清单编制组织机构的常态化和机制化，有力支撑两年一次的报告频率和审评要求。2024年起，可再根据实际运行情况，进一步修改调整清单编制工作机制，以更好地履行两年一次的清单报告履约义务以及应对国际的审评要求。

相比于现行机制安排，新的机构安排着重增强三方面工作。一是加强部委间的指导和协调；二是成立专门的国家温室气体清单指导委员会办公室负责清单编制的管理和协调工作；三是通过数据库加强对清单编制数据的管理。最终目的是逐渐剥离常态化的清单编制和提高清单编制质量两方面工作内容，其中常态化的清单编制工作由国家温室气体清单指导委员会办公室完成，以确保数据统一归口、存档，组织开展质量保证和质量控制等相关工作；提高清单编制质量则由现在各领域清单专家完成，包括提高方法学层级、研究开发本地化排放因子、采用模型等高级方法进行计算等。相应地，这两块工作也分为财政支持和项目支持两部分，属于常态化清单编制的部分应由专门的财政预算进行支持，而提高清单编制质量的部分可通过研究项目的方式开展。

在质量保证和质量控制方面，应按照清单指南制订详细的工作计划。质量控制活动包括一般方法，如对数据采集和计算进行准确性检验，对排放和吸收的计算、测量、估算不确定性、信息存档和报告等使用业已批准的标准化规则。质量控制活动还包括对类别、活动数据、排放因子、其他估算参数及方法的技术评审。在清单编制过程中遵照执行该计划，并将执行情况上报至国家温室气体清单指导委员会办公室以存储。质量保证应由未直接参与清单编制过程的人员进行评审，应在清单编制报告结束后设计专门的环节予以保障。《IPCC 国家温室气体清单优良做法指南》中的优良做法要求指定一位质量保证和质量控制协调人员，专门负责确保实现质量保证和质量控制计划中列举的质量保证和质量控制过程的目标。

参与审评也是我国未来提高透明度履约义务的重要部分，为此，我国需要在国家温室气体清单指导委员会办公室设置专人负责接待两年一次的专家审评，并与专家共同识别需要改进的事项。改进计划应结合清单编制报告提出，由国家温室气体清单指导委员会办公室内部掌握，并结合质量保证和质量控制中发现的问题不断修订。

7.1.2.2 落实应对气候变化统计报表制度

为实现应对气候变化工作与环境污染防治和生态保护统筹融合、协同增效，需要在统计监测、政策和规划制定、实施监督等各环节统筹协调。同时《巴黎协定》及其后续实施细则对国家温室气体清单编制的准确性、时效性和一致性等提出了更高要求。因此，亟需修订统计制度并加强对实施过程的管理与协调，以更好反映国内应对气候变化现状和进展，满足国家温室气体清单编制的数据收集需求，有效支撑国内应对气候变化政策制定和评估、国家履约等具体工作。

建议根据几年来的具体实践、数据可获得性和最新形势，对统计报表制度进行更新，对部分未收集到数据的指标（如应对气候变化科学研究投入、单位建筑面积能耗降低率、规模以上工业战略性新兴产业增加值占 GDP 比重等），在与相关部门沟通基础上考虑采用其他指标进行替代。对于统计数据与部门数据不一致的现象，加强部门之间的数据对接共享。对于应开展而未开展的温室气体基础统计专项调查数据（如农业农村部负责的农作物特性、畜牧业生产特性及畜禽饲养粪便处理方式专项调查，以及国家林草局负责的林地转化监测、森林生长和固碳特性综合调查等），调查研究未开展专项调查的具体原因，拨付相关资金以推动开展工作。在建议成立的小组的指导下，建立温室气体统计数据的审核与共享机制，及时对统计报表收集数据进行审核，遴选后支撑温室气体清单编制，同时也反馈给相关部门，形成数据共同收集、共同使用的激励机制。

7.1.2.3 建立常态化地方清单报告和联审机制

地方清单编制尚面临方法学更新及能力建设培训等挑战。首先是方法学亟需修订。随着国家清单编制要求的不断提高和方法学的更新，现行的 2011 年发布的《省级温室气体清单编制指南（试行）》面临排放源类别、报告气体类型、计算方法和对地市级、区县级适用性等方面的系统修订。其次是能力建设亟需跟进，由于温室气体清单编制专业性和技术性要求较高，面对日益扩大的清单编制需求以及主管机构变化等现实情况，亟需开展不同工作层面的地方清单编制能力建设。最后是数据管理平台有待优化，虽然我国已经开发了基于 Excel 格式的具有计算功能的省级温室气体清单通用报表，对单一省份报表规范性有所提高，但是现行报表在实现跨年度、跨地区数据汇总分析方面的支撑力度有限，有待优化。

根据近年来的地方清单编制实践，更新地方清单编制指南。结合机构改革后的新要求，稳定和重建地方清单编制机构和专家队伍，同时开展能力建设，为未来继续开展常态化清单编制奠定基础。建立常态化的地方联审机制，设计完整的清单联审指标，建立稳定的专家队伍。目前在联审过程中仅对活动水平的数据来源进行审评，而未对种养殖的具体方式和计算过程有太多涉及，因此可设计更为完善的联审指标。

7.1.3 政策措施行动 MRV 指标体系

种养殖业的政策措施行动较为多元，目前我国还未制定有明确温室气体控排内容的政策行动目标。因此可借鉴发展中国家经验，结合具体的政策行动建立一套集温室气体控排、适应、可持续发展等的指标体系，以衡量控排、适应等方面的内容进展，服务于我国实际的政策评估。

指标体系可分为综合性指标、政策行动指标和具体行动指标（如表 7-1 所示）。其中综合性指标为宏观的温室气体排放相关指标，包括种养殖业温室气体排放量、种养殖业温室气体排放增速、单位农业产值温室气体排放量、全国森林覆盖率等，其主要目的是了解种养殖业温室气体排放量相关指标。根据《巴黎协定》相关要求，我国需每五年更新一次国家自主贡献文件。我国作为发展中国家，虽在近期不会提出种养殖业温室气体总量控排目标，但可能会参考能源活动 CO_2 排放提出强度或峰值目标，因此综合性指标既有助于了解我国种养殖业温室气体排放量，也有助于为我国下一步更新国家自主贡献目标做准备。

表 7-1 种养殖业政策行动指标体系

指标类型	指标名称	数据来源
综合性指标	种养殖业温室气体排放量（CO_2 当量值及分气体排放量）	国家温室气体清单、国家统计局
	稻田 CH_4 和农田 N_2O 排放量	
	种养殖业温室气体排放增速	
	单位农业产值温室气体排放量	
政策行动指标	沼气总产量	国家及地方主管部门定期公布
	全国耕地质量	
	农田灌溉水有效利用系数	
	主要农作物化肥使用量	
	化肥/农药利用率	
	养殖废弃物综合利用率	
	全国粮食（谷物）综合生产能力	
	全国森林覆盖率	

指标类型	指标名称	数据来源
具体行动指标	全国畜禽粪污综合利用率	国家及地方主管部门定期公布
	规模养殖场粪污处理设施装备配套率	
	大规模养殖场粪污处理设施装备配套率	
	果菜茶优势产区化肥用量	
	果菜茶核心产区和知名品牌生产基地（园区）化肥用量	
	东北地区秸秆综合利用率	

政策行动指标主要来自中国政府提出的规划目标，如国家自主贡献文件中包含的指标，可包括养殖废弃物综合利用率、沼气总产量、全国耕地质量、农田灌溉水有效利用系数、主要农作物化肥使用量、化肥/农药利用率、全国粮食（谷物）综合生产能力等。这些指标主要来自国家自主贡献文件、《关于创新体制机制推进农业绿色发展的意见》等综合性政策行动文件。作为政策行动文件中的规划目标，由主管部门进行数据收集和审核，定期向社会公布政策措施进展情况，数据结果也可作为我国向《公约》秘书处提交国家履约报告的信息内容。

具体行动指标来自种养殖业部门级政策行动文件中提出的行动目标，如果菜茶优势产区化肥用量、果菜茶核心产区和知名品牌生产基地（园区）化肥用量、东北地区秸秆综合利用率、农膜回收率等。

报告与核查要求：针对政策行动指标和具体行动指标，在国家层面由国家农业主管部门会同气候变化主管部门定期对上述指标进行评估考核，在地方层面由地方农业主管部门根据考核办法就上述指标形成自查报告。国家农业主管部门形成综合考核方案和指标体系，每年由地方农业主管部门收集上报。同时可会同有关部门形成调研考评组，抽查部分地区，开展实地考核。

7.1.4 种养殖业企业 MRV 制度

企业层面的 MRV 数据可以帮助国家清单团队掌握符合国情的排放因子等关键的指标，有利于提高国家清单的质量。另外，MRV 体系的建立可以帮助种养殖业企业采取减排措施，提高农场生产力并降低运营风险，有助于实现更可持续的经济增长，发掘竞争优势。整体来看，MRV 的体系仍处于不断地摸索和尝试的过程中，且种养殖业 MRV 体系较其他部门面临更大的挑战和困难。由于国情和部门基本情况有别，我国的种养殖业企业层面的 MRV 制度体系无法生搬硬套其他国家或其他部门的经验。因此，开展有针对性的中国种养殖业企业 MRV 制度探索显得尤为必要。

目前国家层面正在研究种植业和养殖业的企业核算指南，但由于未将种养殖业企业纳入全国碳市场，因此还未对种养殖业企业进行 MRV 整体设计。未来，预计在结合全国碳市场统一要求和部署的前提下，种养殖业将会逐步纳入 MRV 体系。

初步考虑是我国的种养殖业企业 MRV 体系框架设计大体应遵循循序渐进的原则，分为三步走：一是科普阶段，让种养殖业主了解并认可碳足迹的概念、MRV 的内容和意义、减排可以采取的手段；二是试验阶段，在试点农场开展有益尝试和探索；三是推广阶段，在总结前阶段经验和教训的基础上，在全国范围内推广。

在遵循自愿参与的前提下，种养殖业企业 MRV 体系需要重点解决三个问题："报告什么？什么时候报告？向谁报告？" 并且还需要满足信息透明度、一致性、可比性、完整性和准确性的要求。

种养殖业温室气体排放年度报告制度框架初步设计如下。

报告主体：规模化种养殖场（即生猪年出栏 500 头以上、肉牛年出栏 50 头以上的养殖场和所有奶牛养殖场）以及农作物种植面积大于或等于 200 亩的法人企（事）业单位参与数据报送。鼓励非规模化种养殖场按照国家标准或指南自愿上报。

报告内容：

①数据的报告边界和确定的理由；

②数据报送的时间范围及理由；

③按照国家出台的种养殖业温室气体 MRV 指南报告年度温室气体排放总量及计算过程；

④养殖场还需分别报告化石燃料燃烧产生的 CO_2 排放、动物肠道发酵的 CH_4 排放、粪便管理设施产生的 CH_4 及 N_2O 排放、净购入电力和热力的隐含 CO_2 排放；

种植场还需分别报告化石燃料燃烧产生的 CO_2 排放、石灰施用产生的 CO_2 排放、尿素施用产生的 CO_2 排放、稻田的 CH_4 排放、农业残留物田间焚烧产生的 CH_4 和 N_2O 排放、农用地 N_2O 排放以及净购入电力和热力的隐含 CO_2 排放；

⑤计算中可能的数据估算及理由；

⑥不确定性分析；

⑦现行的种养殖业管理方式和可能的温室气体管理战略。

报送程序：通过数据上报平台报送至地方农业主管部门，同时抄送地方气候变化主管部门。

核查要求：地方省级农业主管部门接到报告主体报送的温室气体排放情况后，在 3 个月内组织第三方核查机构对报告内容进行评估和实地探访核查。

汇总上报：省级农业主管部门对通过评估核查的报告数据进行汇总，将本地区种养殖业重点单位温室气体排放情况汇总并上报国家农业主管部门，同时抄送国家气候变化主管部门。

激励机制：多部门联合认证，对温室气体信息上报积极、披露信息详细、采取减排措施有力的种养殖企业，给予绿色认证、低碳认证等奖励，并在相关资金支持、项目申请方面，重点考虑是否有相关认证。

7.1.5　保障措施

加强组织领导。要构建合力推进、上下联动的工作格局。种养殖业温室气体相关 MRV 体系建设涉及数据收集、存储、校核、公布等多个环节，需要国家统计局、生态环境部以及农业系统畜牧、种植、土肥、农村能源、农机等单位协同发力、共同推进。依托国家温室气体清单办公室，强化顶层设计，加强项目资金整合和组织实施，开展绩效考核等。各省（区、市）农业部门也要进一步完善工作机制，推动形成各环节协同推进的局面。

强化科技支撑。加强技术服务与指导，开展技术培训，提高规模养殖场、第三方处理企业和社会化服务组织的技术水平。就企业层面种养殖业统计核算工作开展能力建设。

建立信息平台。以大型种养殖业企业和畜牧大县为重点，围绕养殖生产、粪污资源化处理等数据链条，建设统一管理、分级使用、数据共享的种养殖业规模户信息直联直报平台。严格落实档案管理制度，对所有规模户场实行摸底调查、全数登记，赋予统一身份代码，逐步将平台信息与其他监管信息互联，提高数据真实性和准确性。

7.2 种养殖业控排政策及行动建议

我国将致力于在实现小康社会基础上，继续提升人民生活水平。改革开放40 多年来，特别是近 10 年以来，我国城镇居民对动物性食品消费更加理性，人民生活水平和健康意识及消费模式悄然改变。随着人民健康意识的增加，居民肉蛋奶等动物性蛋白质的摄入量也在增加。城镇居民从起初吃不饱，到因购买力增加，加速对动物性食品的消费量，也促进了养殖业的发展。但随着人民健康意识的提升，人民开始反思过去的生活模式与饮食习惯，这使得虽然经济水平快速提升、人均收入快速增加，但动物蛋白消费却更加理性，加上个别年度动物疫情的影响，导致了养殖业温室气体排放趋势有所减缓甚至下降。1996—2010 年，由于养殖业结构自发调整，即以猪、羊和家禽为代表的低 CH_4 排放牲畜比例不断升高，而以牛为代表的反刍牲畜所占比例越来越低（牛既是肠道发酵 CH_4 排放大户，也是粪便管理 CH_4 排放主力），使得我国养殖业在这些年份的 CH_4 排放增速较缓。随着国民人均收入的提高，中国农产品需求的结构正在发生调整。最为明显的是人均口粮需求量在逐步减少，对应的是人均水果、蔬菜、肉类、奶类和鱼类农产品需求不断快速提高。

我国在 2005—2017 年的平均温室气体年度排放量为 207.3505×10^6 tCO_2 当量。除上述影响因素外，影响温室气体排放的关键因素还包括政策引导、养殖技术进步以及养殖方式变化。综合我国实际情况，社会变革持续加速进行，特定的饮食文化与西方国家的情况存在不同，综合考虑以上情况，本书在选取FAO公布的2030年人均乳肉消费量指标时进行了筛选，对乳类选择发展中国家2030年目标值，而对肉类选取了工业国家的2030年预测指标，这样的操作提升了预测结果的可靠性与合理性。建议未来通过不同渠道与方式，继续优化养殖方式，推广减排养殖技术。

全国范围内，各地方可以合理规划农业布局，大力发展种养结合集约式生产模式。充分考虑区域生产生活特点、环境承载力，兼顾经济效益和生态效益，综合考量区域种养殖业发展规划要求及环境容量标准。建立“以种定养，以养促种”的种养结合模式，适度发展养殖规模。转变传统畜禽养殖方式，建立标准化畜禽养殖体系。

另外，从养殖技术角度，饲料营养可以影响反刍动物CH_4排放量，改变传统畜禽饲料喂养方式，增加日粮中精料比例，推广秸秆氨化和青储饲料，在提高畜禽对饲料利用的同时，也是减少肠胃发酵CH_4排放的主要途径之一。研发应用高效、环保、低成本的CH_4抑制添加剂，在科学利用的同时，减少对畜禽的影响。对饮水设施、粪水收集设施、清粪设施进行规范化设计管理，畜禽垫料或发酵原料需杀菌消毒后，配以发酵菌并进行处理后应用，从而减少粪污掺混，去除病原微生物，降低反刍畜禽肠胃CH_4排放量。

参考文献

白林，李学伟，何佳果，等，2009. 四川丘区猪肉生产的生命周期评估研究[J]. 中国畜牧杂志，（22）：38-42.

陈红，马国勇，2007. 农村面源污染治理的政府选择[J]. 求是学刊，（2）：56-62.

陈莎，杨孝光，任丽娟，等，2011. 生命周期评价应用于温室气体排放的研究进展[J]. 环境科学与技术，（S1）：170-174，192.

陈苏，胡浩，2016. 中国畜禽温室气体排放时空变化及影响因素研究[J]. 中国人口·资源与环境，26（7）：93-100.

丁洪，蔡贵信，王跃思，等，2001. 玉米-潮土系统中氮肥硝化反硝化损失与 N_2O 排放[J]. 中国农业科学，（4）：416-421.

董红敏，李玉娥，陶秀萍，等，2008. 中国农业源温室气体排放与减排技术对策[J]. 农业工程学报，24（10）：269-273.

冯之浚，周荣，张倩，2009. 低碳经济的若干思考[J]. 中国软科学，（12）：18-23.

郭娇，齐德生，张妮娅，等，2017. 中国畜牧业温室气体排放现状及峰值预测[J]. 农业环境科学学报，36（10）：2106-2113.

郭明亮，2016. 中国水稻氮过量对农药用量的影响[D]. 北京：中国农业大学.

国家发展和改革委员会应对气候变化司，2014. 2005 中国温室气体清单研究[M]. 北京：中国环境出版社.

胡向东，王济民，2010. 中国畜禽温室气体排放量估算[J]. 农业工程学报，（10）：257-262.

黄耀，2006. 中国的温室气体排放、减排措施与对策[J]. 第四纪研究，（5）：722-732.

赖力，2010. 中国土地利用的碳排放效应研究[D]. 南京：南京大学.

刘巽浩，徐文修，李增嘉，等，2014. 农田生态系统碳足迹法：误区、改进与应用——兼析中国集约农作碳效率（续）[J]. 中国农业资源与区划，35（1）：1-7.

卢燕宇，黄耀，郑循华，2005. 农田氧化亚氮排放系数的研究[J]. 应用生态学报，（7）：1299-1302.

马翠梅，王田，2017. 国家温室气体清单编制工作机制研究及建议[J]. 中国能源，39（4）：20-24.

米松华，2013. 我国低碳现代农业发展研究[D]. 杭州：浙江大学.

阮俊梅，宋振伟，王全辉，等，2020. 中国农田减缓气候变化的潜力与技术途径[J]. 中国农学通报，36（5）：98-102.

孙芳，林而达，2012. 中国农业温室气体减排交易的机遇与挑战[J]. 气候变化研究进展，8（1）：54-59.

王尔德，董曼丽，2011. 畜牧业已成世界最大温室气体排放源[J]. 沪港经济，（5）：79.

王松良，Caldwell C D，祝文烽，2010. 低碳农业：来源、原理和策略[J]. 农业现代化研究，31（5）：604-607.

王占红，张世伟，2011. 发展低碳畜牧业之拙议[J].现代畜牧兽医，（2）：21-23.

吴昊玥，何宇，黄瀚蛟，等，2021.中国种植业碳补偿率测算及空间收敛性[J].中国人口·资源与环境，31（6）：113-123.

吴贤荣，张俊飚，程文能，2017.中国种植业低碳生产效率及碳减排成本研究[J].环境经济研究，2（1）：57-69.

夏龙龙，颜晓元，蔡祖聪，2020. 我国农田土壤温室气体减排和有机碳固定的研究进展及展望[J]. 农业环境科学学报，39（4）：834-841.

熊效振，沈壬兴，王明星，等，1999. 太湖流域单季稻的甲烷排放研究[J]. 大气科学，（1）：10-19.

徐庆贤，官雪芳，林斌，等，2011. 福建省规模化养猪场资源量及温室气体减排效益评估分析[J]. 农业与技术，（1）：37-40.

杨娜，2012. 中国农业统计体制及运行机制研究[D]. 北京：中国农业科学院.

姚延婷，陈万明，2010. 农业温室气体排放现状及低碳农业发展模式研究[J]. 科技进步与对策，27（22）：48-51.

应洪仓，黄丹丹，汪开英，2011. 畜牧业温室气体检测方法与技术[J]. 中国畜牧杂志，47（10）：56-59，63.

於江坤，蔡丽媛，张骥，等，2015. 养殖业温室气体排放的影响因素及减排措施[J]. 家畜生态学报，36（10）：80-85.

张福锁，王激清，张卫峰，等，2008.中国主要粮食作物肥料利用率现状与提高途径[J].土壤学报，（5）：915-924.

张晓艳，张广斌，纪洋，等，2010. 冬季淹水稻田 CH_4 产生、氧化和排放规律及其影响因素研究[J]. 生态环境学报，19（11）：2540-2545.

中华人民共和国国家发展改革委，农业农村部. 关于印发《全国农村沼气发展“十三五”规划》的通知[EB/OL]. (2017-01-25)[2017-02-03]. http://www.gov.cn/xinwen/2017-02/10/content_ 5167076. htm.

中华人民共和国国家统计局. 2018 年政府部门统计调查项目目录[EB/OL]. (2019-02-11)[2019-02-13]. http://www.stats.gov.cn/tjfw/bmdcxmsp/bmdcspgg/201902/ t20190225_ 1650638.html.

中华人民共和国国务院. 国务院办公厅关于加快推进畜禽养殖废弃物资源化利用的意见[EB/OL]. (2017-06-12)[2018-02-02]. http://www.gov.cn/zhengce/content/2017-06/12/content_5201790.htm.

中华人民共和国农业部，2017a. 农业部关于印发《东北地区秸秆处理行动方案》的通知[EB/OL]. (2017-06-20)[2017-02-03]. http://www.moa.gov.cn/nybgb/2017/dlq/201712/t20171231_ 6133708.htm.

中华人民共和国农业部，2017b. 农业部关于印发《开展果菜茶有机肥替代化肥行动方案》的通知[EB/OL].(2017-06-12)[2018-02-03]. http://www.moa.gov.cn/nybgb/2017/derq/201712/t20171227_6130977.htm.

中华人民共和国农业部，2017c. 中国农业统计资料[M]. 北京：中国农业出版社.

中华人民共和国农业农村部. 关于印发《2017 年度畜禽养殖废弃物资源化利用工作考核实施方案》的通知.[EB/OL].(2018-06-20)[2018-12-30]. http://www.moa.gov.cn/gk/tzgg_1/tfw/201805/t20180522_6142748.htm

邹建文，黄耀，宗良纲，等，2003. 不同种类有机肥施用对稻田 CH_4 和 N_2O 排放的综合影响[J]. 环境科学，（4）：7-12.

邹建文，黄耀，宗良纲，等，2006. 稻田不同种类有机肥施用对后季麦田 N_2O 排放的影响[J]. 环境科学，（7）：1264-1268.

Banker B C, Kludze H K, Alford D P, et al., 1995. Methane sources and sinks in paddy rice soils: relationship to emissions [J]. Agriculture, Ecosystems and Environment, 53(3): 243-251.

Bhattacharyya P, Nayak A K, Shahid M, et al.,2015. Effects of 42-year long-term fertilizer management on soil phosphorus availability, fractionation,adsorption-desorption isotherm and plant uptake in flooded tropical rice[J]. The Crop Journal,3(5): 387-395.

Bouwman A F, Boumans L J M, Batjes N H, 2002. Modeling global annual N_2O and NO emissions from fertilized fields[J]. Global Biogeochemical Cycles, 16(4): 28-1-28-9.

Bouwman A F,1991.Agronomic aspects of wetland rice cultivation and associated methane emissions[J]. Biogeochemistry, 15(2): 65-88.

Bouwman A, 1990. Soils and the greenhouse effect[M]. Chichester: John Wiley & Sons,Ltd.: 61-127.

Dalgaard T, Hansen B, Hasler B, et al.,2014. Policies for agricultural nitrogen management— trends, challenges and prospects for improved efficiency in Denmark[J]. Biocontrol Science & Technology, 9(11).

DeGryze S, Six J, Paustian K, et al., 2004. Soil organic carbon pool changes following land-use conversions[J]. Global Change Biology, 10(7): 1120-1132.

Department for Environment, Food and Rural Affairs of United Kingdom, 2009. Farm Practices Survey[EB/OL]. https://www.gov.uk/government/collections/farm-practices-survey.

Department of Agriculture, Water and the Environment, Australian Government, 2017. Emission Reduction Fund Plantation Forestry Notifications[EB/OL]. (2017-08-15) [2017-12-26]. https://www.agriculture.gov.au/ag-farm-food/climatechange/cfi/plantation-forestry-notifications.

Department of Energy and Climate Change of UK, 2019. UK Greenhouse Gas Inventory, 1990 to 2017 [R]. (2019-04-15) [2019-04-23]. http://www.moa.gon.cn/gk/tzgg_1/tz/201803/t20180316_6138509.htm.

Department of the Environment and Energy of Australia, 2017. Australia Seventh National

Communication on Climate Change[EB/OL]. (2017-06-15) [2018-05-07]. https://unfccc.int/documents/69238.

Department of the Environment and Energy of Australia, 2019. National Inventory Report 2017 (revised) [R/OL]. (2019-05-24) [2019-05-27]. https://unfccc.int/documents/195779?fbclid=IwAR1yrlnImfUM5mrMvJ74T-1bpnFYOMvCUY786kK4qfVTkyPvnWlYovFjTm0.

Environment and Climate Change of Canada, 2019. National Inventory Report 1990–2017: Greenhouse Gas Sources and Sinks in Canada [R]. (2019-04-15) [2019-04-23]. https://www.canada.ca/en/environment-climate-change/services/climate-change/greenhouse-gas-emissions/inventory.html.

FAOSTAT, 2014. Estimating Greenhouse Gas Emissions in Agriculture—A Manual to Address Data Requirements for Developing Countries [R/OL]. (2014-12) [2017-12-02]. https://www.fao.org/faostat/zh/#data.

FAOSTAT，2019. FAO statistical databases[EB/OL]. http://www.fao.org/faostat/en/#home/ accessed 25 October 2020.

Federal Environment Agency of Germany, 2019. National Inventory Report for the German Greenhouse Gas Inventory 1990—2017 [R]. (2019-04-15) [2019-04-23]. https://www.umweltbundesamt.de/en/publikationen/submission-under-the-united-nations-framework-4.

Foley J A, Ramankutty N, Brauman K A, et al., 2011. Solutions for a cultivated planet[J]. Nature,478(7369) :337-342.

Follett R F, 2001. Soil management concepts and carbon sequestration in crop land soils[J]. Soil& Tillage Research, 61(1-2):77-92.

Grandy A T, Robertson G P, 2006. Initial cultivation of a temperate-region soil immediately accelerates aggregate turnover and CO_2 and N_2O fluxes [J]. Global Change Biology, 12(8): 1507-1520.

Grandy A S, Robertson G P, Thelen K D, 2006. Do productivity and environment trade-offs justify periodically cultivating no-till cropping system?[J]. Agronomy Journal, 98: 1377-1383.

IPCC, 2006. 2006 IPCC Guidelines for National Greenhouse Gas Inventories[R]. Kanagawa: The Institute for Global Environmental Strategies.

IPCC, 2007. 2006 IPCC Guidelines for National Greenhouse Gas Inventories[R/OL]. (2006) [2017-12-02]. https://www.ipcc-nggip.iges.or.jp/public/2006gl.

Kahrl F, Li Y J, Su Y F, et al., 2010. Greenhouse gas emissions from nitrogen fertilizer use in China[J]. Environmental Science & Policy,13:688-694.

Kludze H K, DeLaune R D, 1995. Straw application effects on methane and oxygen exchange and growth in rice[J]. Soil Science Society of America Journal, 59(3) : 824-830.

Koakutsu K, Usui K, Watarai A, et al., 2013. Measurement, Reporting and Verification (MRV) for Low Carbon Development: Learning from Experience in Asia[R/OL]. (2013-01-30) [2019-10-30]. https://www.eldis.org/document/A64372.

Linquist B, van Groenigen K J, Adviento-Borbe M A, et al., 2012. An agronomic assessment of greenhouse gas emissions from major cereal crops[J]. Global Change Biology, 18(1): 194-209.

Lu Y Y, Huang Y, Zou J W, et al., 2006. An inventory of N_2O emissions from agriculture in China using precipitation-rectified emission factor and background emission[J]. Chemosphere, 65: 1915-1924.

Luo Y Q, Ogle K, Tucker C, et al., 2011. Ecological forecasting and data assimilation in a data-rich era[J]. Ecological Applications, 21(5): 1429-1442.

Ministry for the Environment of New Zealand, 2019. 2019 National Inventory Report[R]. (2019-04-10) [2019-04-23]. http://www.doc.govt.nz/documents/science-and-technical/sfc157.pdf.

Ministry of the Environment of Japan, 2019. National Greenhouse Gas Inventory Report of JAPAN (2019) [R]. (2019-04-15) [2019-04-23]. http://www-gio.nies.go.jp/aboutghg/nir/2019/NIR-JPN-2019-v3.0_GIOweb.pdf.

New Zealand Ag Matter. How do I reduce emissions on farm? [EB/OL]. (2018) [2018-10-26]. https://www.agmatters.nz/farming-matters/how-do-i-reduce-emissions-on-farm/.

Olesen J E, Schelde K, Weiske A, 2006. Modelling greenhouse gas emissions from European conventional and organic dairy farms[J]. Agriculture, Ecosystems and Environment, 112: 207-220.

Rotz A, 2018.Modeling greenhouse gas emissions from dairy farms[J] Journal of Dairy Science, 101 (7): 6675-6690.

Six J, Ogle S M, Breidt F J, et al.,2004. The potential to mitigate global warming with no-tillage management is only realized when practised in the long term[J]. Global Change Biology, 10(2):155-160.

Smith P, Martino P, Cai Z, et al., 2008. Greenhouse gas mitigation in agriculture[J]. Philosophical Transactions of the Royal Society of London. Series B, Biological Sciences, 363(1492): 789-813.

Smith P, Powlson D S, Smith J U, et al.,2000. Meeting Europe's climate change commitments: quantitative estimates of the potential for carbon mitigation by agriculture[J]. Global Change Biology, 6(5):525-539.

Smith P,Martino D,Cai Z, et al.,2007. Policy and technological constraints to implementation of greenhouse gas mitigation options in agriculture[J]. Agriculture, Ecosystems and Environment, 118(1-4): 6-28.

Snyder C S, et al., 2009. Review of greenhouse gas emissions from crop production systems and fertilizer management effects[J].Agriculture, Ecosystems and Environment, 133(3) : 247-266.

Steinbach H S, Alvarez R, 2006. Changes in soil organic carbon contents and nitrous oxide emissions after introduction of no-till in Pampean agroecosystems[J]. Journal of Environmental Quality, 35(1):3-13.

The People's Republic of China, 2017. First biennial update report on climate change[R/OL]. (2017-01-12) [2017-01-26]. https://unfccc.int/sites/default/files/resource/chnbur1.pdf.

The People's Republic of China, 2019. Second biennial update report on climate change [R/OL]. (2019-6-30) [2019-10-22]. https://unfccc.int/sites/default/files/resource/China%202BUR_ English.pdf.

The Secretary of State, the UK, 2013. Large and Medium-Sized Companies and Groups (Accounts and Reports) Regulations 2008[EB/OL]. (2013-08-06) [2017-12-23].http://www.legislation.gov.uk/uksi/2013/1981/contents/made.

The Secretary of State, the UK, 2013. The Companies Act 2006 (Strategic Report and Directors' Report) Regulations 2013 [EB/OL]. (2013-08-06) [2017-12-23]. http://www.legislation.gov.uk/uksi/2013/1970/contents/made.

The Secretary of State, the UK, 2010. The contribution that reporting of greenhouse gas emissions makes to the UK meeting its climate change objectives: A review of the current evidence [R]. (2010-11-30) [2017-12-24]. https://www.gov.uk/government/publications/the-contribution-that-reporting-of-greenhouse-gas-emissions-makes-to-the-uk-meeting-its-climate-change-objectives.

Towprayoon S, Smakgahn K, Poonkaew S,2005. Mitigation of methane and nitrous oxide emissions from drained irrigated rice fields[J]. Chemosphere, 59(11): 1547-1556.

UNFCCC, 2007. Decision 1/CP.13. Bali Action Plan[EB/OL]. (2007-12-15) [2018-10-10]. https://unfccc.int/sites/default/files/resource/docs/2007/cop13/eng/06a01.pdf.

UNFCCC, 2018. Decision 18/CMA.1. Modalities, procedures and guidelines for the transparency framework for action and support referred to in Article 13 of the Paris Agreement. [EB/OL]. (2018-01-31) [2018-02-10]. https://unfccc.int/sites/default/files/resource/cma2018_3_ add2%20final_advance.pdf.

UNFCCC, 2010. Decision 1/CP.16. The Cancun Agreements: Outcome of the work of the Ad Hoc Working Group on Long-term Cooperative Action under the Convention [EB/OL]. (2010-12-10) [2018-10-11]. https://unfccc.int/sites/default/files/resource/docs/2010/cop16/eng/07a01.pdf.

UNFCCC, 1999. Guidelines for the Preparation of National Communications by Parties Included in Annex I to the Convention, Part Ⅰ: UNFCCC Reporting Guidelines on Annual Inventories. Decision 3/CP.5 [EB/OL]. (1999-11-05) [2018-10-10]. https://unfccc.int/resource/docs/cop5/ 06a01.pdf#page=6.

United Nations, 1992. United Nations Framework Convention of Climate Change. FCCC/INFORMAL/84[EB/OL]. https://unfccc.int/files/essential_background/background_ publications_htmlpdf/application/pdf/conveng.pdf.

United Nations, 1993. United Nations Framework Convention of Climate Change [EB/OL]. (1993-06-14) [2017-12-02]. https://unfccc.int/files/essential_background/background_publications_htmlpdf/application/pdf/conveng.pdf.

USEPA, 2019. Inventory of U.S. Greenhouse Gas Emissions and Sinks: 1990–2017 [R]. (2019-04-13) [2019-04-23]. https://www.epa.gov/ghgemissions/inventory-us-greenhouse-gas- emissions-and-sinks.

Ussiri D A N, Lal R, Jarecki M K, 2009. Nitrous oxide and methane emissions from long-term tillage under a continuous corn cropping system in Ohio[J]. Soil & Tillage Research, 104(2): 247-255.

Wang Y, Li S C, 2011. Simulating multiple class urban land-use/cover changes by RBFN-based CA model[J]. Computer & Geosciences, 37(2): 111-121.

Wassmann R, Neue H U, Alberto M C,et al.,1996. Fluxes and pools of methane in wetland rice soils with varying organic inputs[J]. Environmental Monitoring and Assessment, 42(1-2): 163-173.

West T O, Marland G, 2003. Net carbon flux from agriculture: carbon emissions, carbon sequestration, crop yield, and land-use change[J]. Biogeochemistry, 63(1):73-83.

Xu C, Shaffer M J, Al-kaisi M, 1998. Simulating the impact of management practices on nitrous oxide emission[J]. Soil Science of America Journal, 62:736-742.

Yan X Y, Akimoto H, Ohara T, 2003. Estimation of nitrous oxide, nitric oxide and ammonia emissions from croplands in East, Southeast and South Asia[J]. Global Change Biology, 9: 1080-1096.

Zou J W, Huang Y, Zheng X H, et al., 2007. Quantifying direct N_2O emissions in paddy fields during rice growing season in mainland China: Dependence on water regime[J]. Atmospheric Environment, 41：8030-8042.

Zou Q, Fang H, Liu F, et al., 2010. Comparative Study of Distance Discriminant Analysis and Bp Neural Network for Identification of Rapeseed Cultivars Using Visible/Near Infrared Spectra[C]. CCTA2010: 139-148.

附录　种养殖业非 CO_2 温室气体控排行动建议

为全面贯彻党的十九大和十九届历次全会及中央经济工作会议、中央农村工作会议精神，适应新形势新任务新要求，深化农业供给侧结构性改革，全面推进农业高质量发展，持续推动质量兴农和绿色发展，制定本建议。

（一）发展趋势

控制非 CO_2 温室气体排放有利于农业可持续发展和农业废弃物资源化利用。2005 年，中国农业活动温室气体排放总量为 7.88 亿 tCO_2 当量，占当年中国非 CO_2 温室气体排放总量的 48.2%。2014 年，农业活动温室气体排放总量为 8.30 亿 tCO_2 当量，比 2005 年上升 5.3%。根据初步预测，2030 年前中国农业领域温室气体排放仍将呈现缓慢上升的趋势。其中，农用地 N_2O 排放由于化肥使用零增长等政策行动的实施，总体呈现平稳态势，基本不会有显著增长；养殖业 CH_4 排放未来仍保持一定的增长速度，主要由于反刍动物肠道发酵导致的排放增长。农业领域非 CO_2 温室气体虽然未来排放增长缓慢，但是由于排放量基数较大，对未来中国非 CO_2 温室气体排放控制成效也有显著影响。

（二）指导思想

以农业绿色发展为主题，以实施农业绿色发展五大行动为主线，牢固树立绿色、低碳发展理念，综合运用规划、科技、示范、标准、财政、能力建设等多种措施，有效控制农业领域温室气体排放，坚持减缓与适应协同，促进农业可持续发展，为我国农业领域应对全球气候变化作出积极贡献。

（三）主要目标

继续实施农业绿色发展五大行动，加大农业面源污染治理力度。大力实施畜禽粪污资源化利用整县推进项目，实现畜牧大县全覆盖，推动大型规模养殖场粪污处理设施装备配套率达到 100%。持续推进农药化肥减量增效，控制农田 N_2O 排放。控制农田 CH_4 排放，选育高产低排放良种，改善水分和肥料管理。实施耕地质量保护与提升行动，推广秸秆还田，增施有机肥，加强高标准农田建设。

（四）主要措施

1. 通过秸秆青贮氨化等改善粗饲料质量

饲料成分的改变将改变瘤胃内发酵过程，进而影响肠道 CH_4 的产生和排放。相比普通粗饲料，秸秆氨化、青贮、粉碎及颗粒化处理可通过降解秸秆粗纤维，增加饲料表面积，进一步提高秸秆的适口性和消化率，增加动物采食量，缩短食物在瘤胃内的停留时间，实现单位动物肠道内 CH_4 排放量的降低。如对比干秸秆日粮，奶牛采食青贮秸秆日粮可使 CH_4 减排 15%～30%；通过秸秆氨化处理，可减少单个黄牛的 CH_4 排放量 16%～30%。

2. 改善饲料添加剂以进行营养调控

营养调控技术减排 CH_4 的原理为通过控制日粮中粗纤维含量或发酵过程来减少 CH_4。提高牛羊日粮中精饲料比例，或者在饲喂正常日粮的基础上，补饲含有尿素、微量元素、维生素的多功能舔砖可改善动物生理代谢，提高生产性能，同时被证明具有很好的减排效果。添加莫能菌素也可减少瘤胃中产甲烷菌的数量，从而减少 CH_4 排放。对于奶牛，舔食矿物砖 20～30 g/d，单头可减排 15%～20% 的 CH_4，单位奶产品 CH_4 减排可达 30%。

3. 提高动物生产能力

通过遗传育种选育具有更高的饲料利用效率、抗病抗应激适应性强的畜牧品种，提高动物疾病预防和控制动物健康水平，减少死亡淘汰率等都能提高产奶量、产肉量，以减少单位产品的温室气体排放强度。

通过直接减排，如粗饲料处理、饲料优化等方式提高动物的生产性能，可以使肠道 CH_4 排放量减少 15%～30%；通过遗传育种、提高动物健康水平等方式提高动物生产能力，可以间接减少单位动物产品的温室气体排放，但是减排效率视环境、具体的管理措施等因素而定。

4. 推广舍内干清粪系统

大力推广畜禽舍内干清粪系统、减少液体清粪系统（如水泡粪系统、水冲系统等）的使用，减少污水产生量、控制舍内粪坑的厌氧条件，显著减少厌氧发酵 CH_4 的产生，相比深坑系统可减少 70%～80%的 CH_4 排放。同时需注意舍内应尽量避免垫料系统的使用，控制 N_2O 排放。

5. 开展畜禽废弃物厌氧处理并回收利用沼气

养殖废弃物沼气化处理是指将畜禽废弃物中的有机物通过厌氧发酵转化为 CH_4 并加以回收利用，以减少目前废弃物管理方式造成的 CH_4 排放，同时沼气替代化石燃料以减少 CO_2 排放的方法；相比常规状态下的粪便存储，可使 CH_4 减排 60%～80%。积极引导大型生猪、牛、羊养殖场利用动物粪便产生沼气，发展沼气生产。据《2006 年 IPCC 国家温室气体清单指南》推荐的方法学计算，南方炎热地区，一个处理 4 头猪产生的粪污的沼气池每年最大可减排温室气体 1.4～4.1 tCO_2 当量。

6. 改变清粪方式以降低舍内温度

降温是减少粪便管理温室气体排放的重要手段。研究证明，厌氧发酵产甲烷菌和硝化反硝化产 N_2O 菌等微生物驱动的产气过程都需要适宜的环境温度，在低于 15℃的环境温度下 CH_4 和 N_2O 产生都极低。一个非常简便的减排方法是在寒冷的季节将粪便及时从温度较高的舍内清理到温度较低的舍外，可以极有效地使 CH_4 排放减少 20%～45%。

在各种减排措施中，舍内粪便管理方式改为干清粪系统操作简便且具有极好的温室气体减排潜力，达75%以上。粪便舍外管理过程中，沼气可使温室气体排放降低60%～80%；降温等需要一定的资本投入，但一般可使CH_4减排20%～45%。

7. 实施稻田水分管理

水分管理是最有效的稻田CH_4排放控制措施。改变稻田的水分管理可以抑制产甲烷菌的活动，CH_4减排效果显著。研究结果表明，相对于水稻生长期持续淹灌，烤田、间歇灌溉和湿润灌溉可以分别减少45%、59%和83%的稻田CH_4排放，如采取每3～5天降低1次水深的间断式灌溉方式，CH_4减排可达50%左右。

8. 科学实施稻田施肥

建立科学的肥料施用制度、提高氮肥利用率。在有机肥和无机肥配施时，有机肥采用腐熟的沼渣、菌渣或腐熟的堆肥，可以减少45%～62%的CH_4排放，施用秸秆堆肥可有效地减少稻麦轮作农田N_2O排放量；对无机氮肥，在可能的条件下选用硫酸铵，含硫肥料的施用可以使稻田CH_4排放量降低28%～53%，特别是在CH_4排放通量高的分蘖期和孕穗期，降低CH_4排放的作用更明显。若将氮肥利用率由20%～30%提高到30%～40%，可相应降低10%的N_2O排放。与未经过处理的沼渣相比，经过干燥的沼渣肥能够降低约50%的CH_4排放。基肥和分蘖追肥要适量，不在晒田前追肥，晚稻移栽前不宜秸秆还田；在地势低洼、容易积水的丘陵地域，采用氮磷钾肥料配施等都可减少稻田CH_4排放。

9. 选育和种植低排放水稻品种

根据稻田CH_4传输机制，选择高产低排放的水稻品种也是减少稻田CH_4排放的另一途径。种植低渗透率水稻品种、氮素高效利用新品种等措施可以有效减排稻田CH_4。不同水稻品种在相同的土壤条件和水分条件下的CH_4排放差异显著，可达1%～46%，杂交稻比普通稻的CH_4排放率低5%～37%。

10. 深入推广测土配方施肥

推广测土配方施肥技术，各区域要严格控制每种农作物生长季单位面积肥料施用量，扩大测土配方施肥在设施农业及蔬菜、果树、茶叶等园艺作物上的应用。推进新型肥料产品研发与推广，集成推广种肥同播、化肥深施等高效施肥技术，不断提高肥料利用率。如果氮肥利用率从 20%～30%提高到 30%～40%，则 N_2O 排放相应地降低 10%。

11. 进一步实施保护性耕作

保护性耕作的模式及方法因各地气候及种植模式差异而不同。建议东北地区采取高垄种植方式；黄淮海地区可直接免耕或少免耕；西北地区可采取秸秆覆盖或免耕秸秆翻压还田，增加土壤有机碳含量，降低土壤水分蒸发，在保证产量的同时，实现 N_2O 减排。

（五）重大工程

1. 厌氧发酵沼气回收工程

示范和建设畜禽废弃物处理利用厌氧发酵沼气回收工程，实现农村能源结构优化、废弃物污染治理、温室气体减排等多重目的。加强养殖业产生的牲畜粪便综合管理，把农村生物质利用设施建设特别是中大型沼气工程纳入国家农业基础设施建设计划；进一步推广农村户供气、发电、企业自用等多元化利用和发展，加强户用沼气的维护和后期服务管理，重点围绕沼气升值利用、设施设备标准化进行示范和建设；加大中央财政资金在畜禽废弃物资源化利用方面的投入力度。

2. 沼渣沼液和秸秆还田利用示范工程

积极开展沼渣沼液和秸秆还田利用示范工程。加强农村沼气发电、秸秆还田等技术的开发力度，主要围绕废弃物有机肥生产、沼渣沼液农田利用、秸秆还田、节肥节药效果评估等环节开展示范。制定农村可再生能源战略和配套法律法规，促进可再生能源技术的发展并扩大应用范围，扩大政府在现代生物质设施上的投资，并实行补贴和税收激励措施。

3. 化肥零增长以控制农田 N_2O 工程

普及和深化测土配方施肥，推进精准施肥，扩大测土配方施肥在设施农业及蔬菜、果树、茶叶等园艺作物上的应用，基本实现主要农作物测土配方施肥全覆盖，减少农田化肥使用量；调整化肥使用结构，推进新型肥料产品研发与推广，鼓励使用有机肥、生物肥料和绿肥种植；改进施肥方式，集成推广种肥同播、化肥深施、机施等高效施肥技术，不断提高肥料利用率。到2025年，主要农作物化肥、农药利用率均达到43%以上。通过化肥减施、提高利用效率，可降低农田N_2O排放10%～20%。

4. 农业低碳循环示范工程

重点围绕化肥减施、养殖业废弃物资源化利用等方面，优化调整种养殖业结构，促进种养循环、农牧结合、农林结合，因地制宜推广节水、节肥、节药、有机肥养分综合管理计划等节约型农业技术；推进过腹还田和种养结合、“稻鱼共生”和“猪沼果”等生态循环农业模式，实现农业废弃物的肥料化、饲料化和基质化利用。

5. 农业气候保险工程

通过保险机制分散农业应对气候变化项目的风险，建立基于市场机制的农业气候风险管理体制。针对厌氧发酵沼气回收工程新技术的不确定性以及户用沼气项目的分散性，开展沼气工程保险项目。针对沼渣沼液和秸秆还田利用示范，不仅要求农户对沼渣沼液和秸秆还田有较好的掌握，也要求农户对农业耕作作物和对未来气温及降水有准确的把握；针对化肥零增长以控制农田N_2O工程，不仅要求农户对化肥施用有准确的计量，也对用户在改变施肥方式的同时适应未来气温和降水提出很高的要求。为分散气候风险和能力风险，开展耕作与气候保险项目。针对农业低碳循环示范工程，开发管控这些项目风险的保险模式。

（六）配套措施

1. 加强部门协同和组织领导

多部门联合发布并落实实施《农业应对气候变化行动计划》，制定规模化种植业和规模化养殖业温室气体排放核算方法，加强各相关政府部门的配合协调，大力落实控制非CO_2温室气体排放的措施，积极协调落实已有的有成效的减排增汇计划，协同推进种养殖业非CO_2温室气体控制工作。

2. 加强法律法规和标准建设

建立健全关于温室气体的排放统计制度、农业领域低碳标准体系、农村可再生能源战略和配套法律法规，加快制定农业领域低碳产品的标准、标识与认证制度，将种养殖业非 CO_2 排放管理纳入地方和部门发展规划中，进一步完善统一、科学、规范的统计方法制度，采用合理的数据模型，进行不同区域的划分，进行数据测算。

3. 建立农业领域减排补偿机制

主要针对农业废弃物利用中存在的机械化水平低、设施标准化程度差、建设不规范、对废弃物综合利用产生的生态环境效益得不到承认等问题，结合生态补偿和碳市场等机制，示范农业温室气体监测、评估、报告、补偿程序等机制。增加农田、果树、草原和农林地的碳汇，在农村荒山荒坡增植农用经济林、实行低耕和非耕农业，改变高温室气体排放的生产和生活方式，加强土地和生物质固碳的实践，增加农业碳汇。

4. 做好农业领域温室气体排放统计核算

建立省级温室气体清单编制工作常态化机制，完善与气候公约相关的监测、统计、核算方法，做好农业温室气体清单编制和质量管控，支持农业领域重点企业或重点设施纳入国家温室气体排放管控范围，进一步提升农业减排增汇的能力。

5. 加强农业领域控排技术和机制创新

探索农业和种养殖业领域温室气体排放控制机制，加强对非 CO_2 温室气体减排增汇技术、产品的研发，大力发展低碳、低氮排放的生态农业，启动低碳循环农业试点示范建设。加快减缓和适应气候变化领域重大技术的研发和示范，并对减排技术的适用性和经济性进行监测评估，进一步提高农业和种养殖业温室气体减排控排能力建设和机制创新。